HELLO MARS

你好！火星

王立欢　编著

青岛出版集团 | 青岛出版社

图书在版编目（CIP）数据

你好！火星 / 王立欢编著 . -- 青岛 ：青岛出版社，
2024. 2

ISBN 978-7-5736-1716-3

Ⅰ．①你… Ⅱ．①王… Ⅲ．①火星探测器－普及读物
Ⅳ．① V476. 4-49

中国国家版本馆 CIP 数据核字（2023）第 228962 号

出 品 人	慎海雄	
总 策 划	阚兆江　杨继红	
	张化新　钦林威	
监 制	闫　东	

NIHAO!HUOXING

书　　名	你好！火星
编　　著	王立欢
出版发行	青岛出版社
社　　址	青岛市崂山区海尔路 182 号（266061）
本社网址	http://www.qdpub.com
策　　划	杨成舜
责任编辑	初小燕
营销支持	许璐娜　仇　巍
装帧设计	今亮后声·核漫
印　　刷	山东临沂新华印刷物流集团有限责任公司
出版日期	2024 年 2 月第 1 版　2024 年 2 月第 1 次印刷
开　　本	16 开（889mm×1194mm）
印　　张	18.25
字　　数	263 千
书　　号	ISBN 978-7-5736-1716-3
定　　价	178.00 元

编校印装质量、盗版监督服务电话：4006532017　0532-68068050
本书建议陈列类别：航天·科普·畅销

埃律西昂山

24.74°N / 146.9°E

天问一号
2022.1.11 拍摄

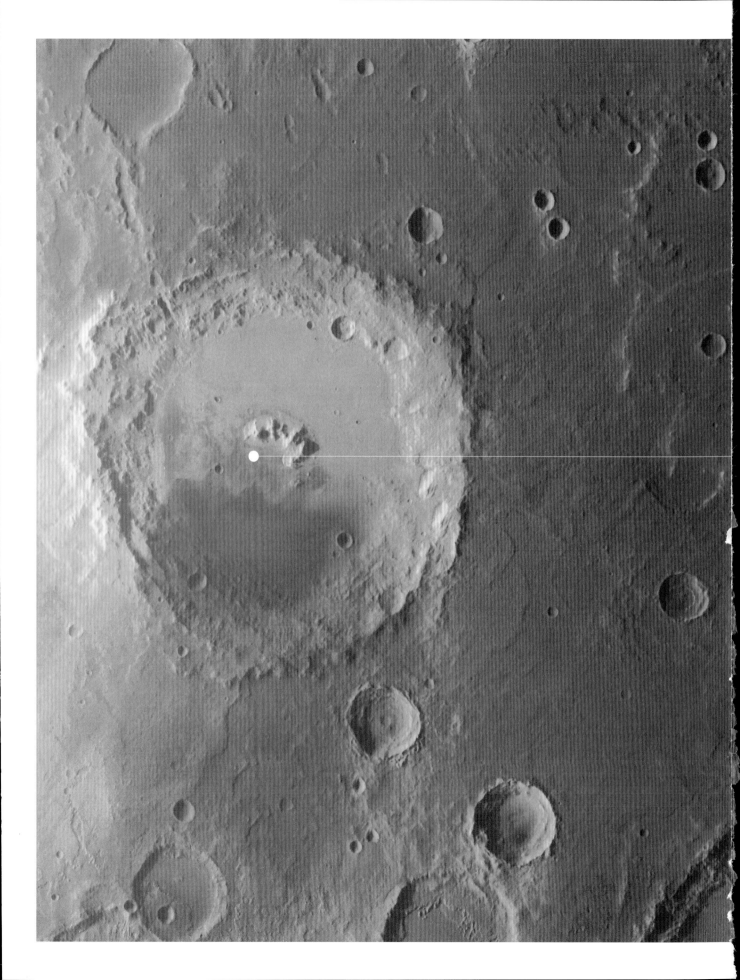

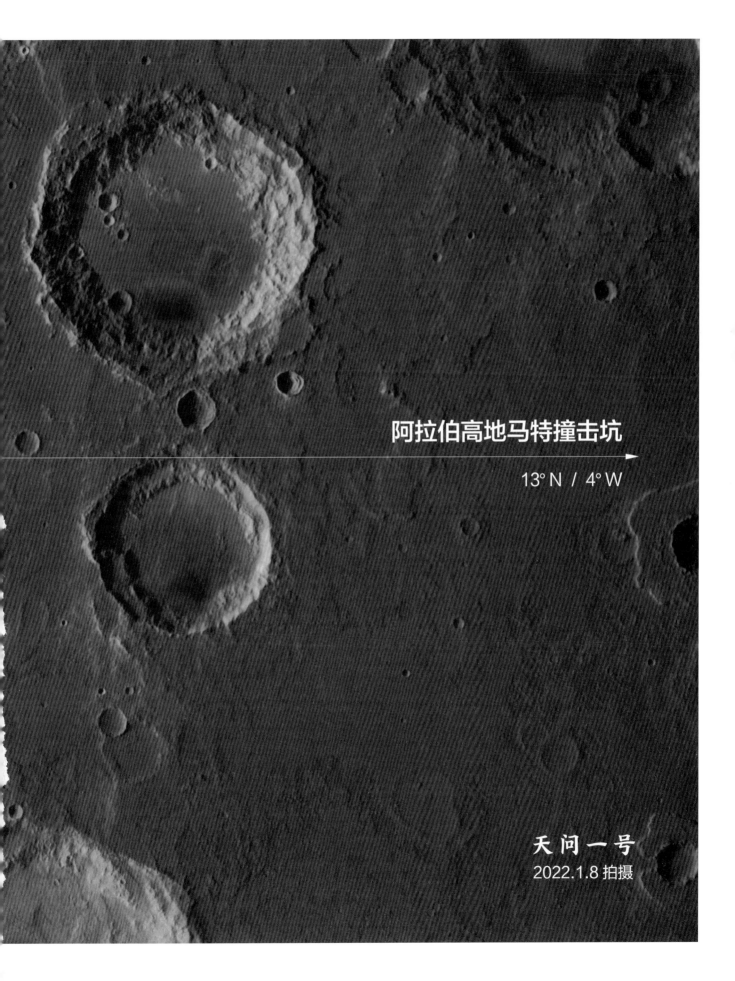

阿拉伯高地马特撞击坑

13° N / 4° W

天 问 一 号
2022.1.8 拍摄

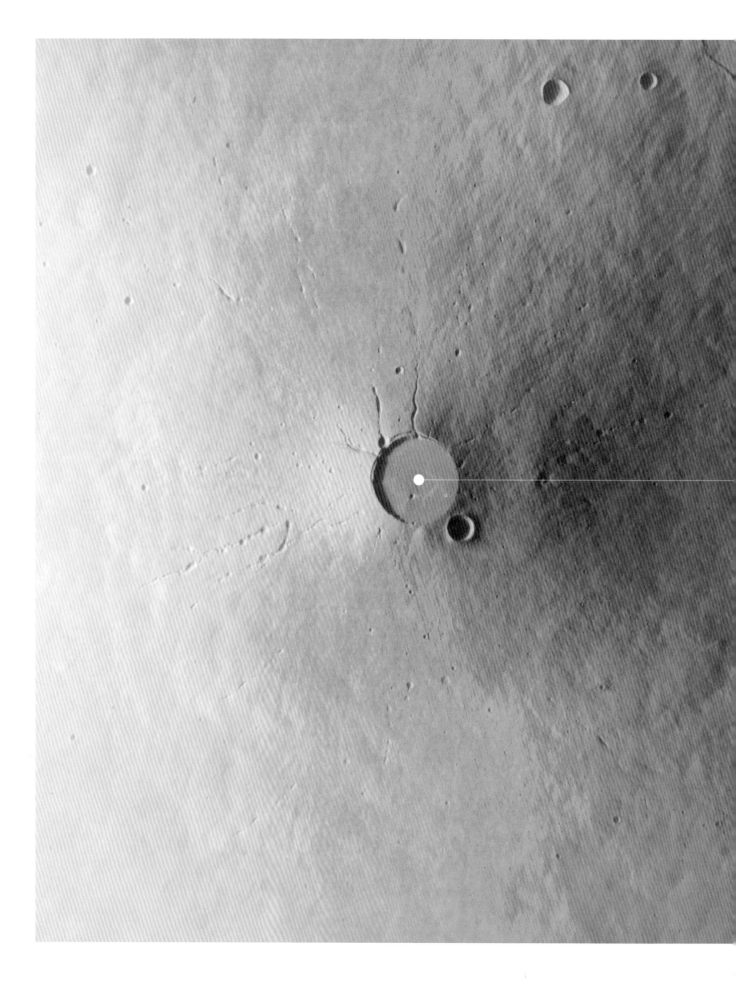

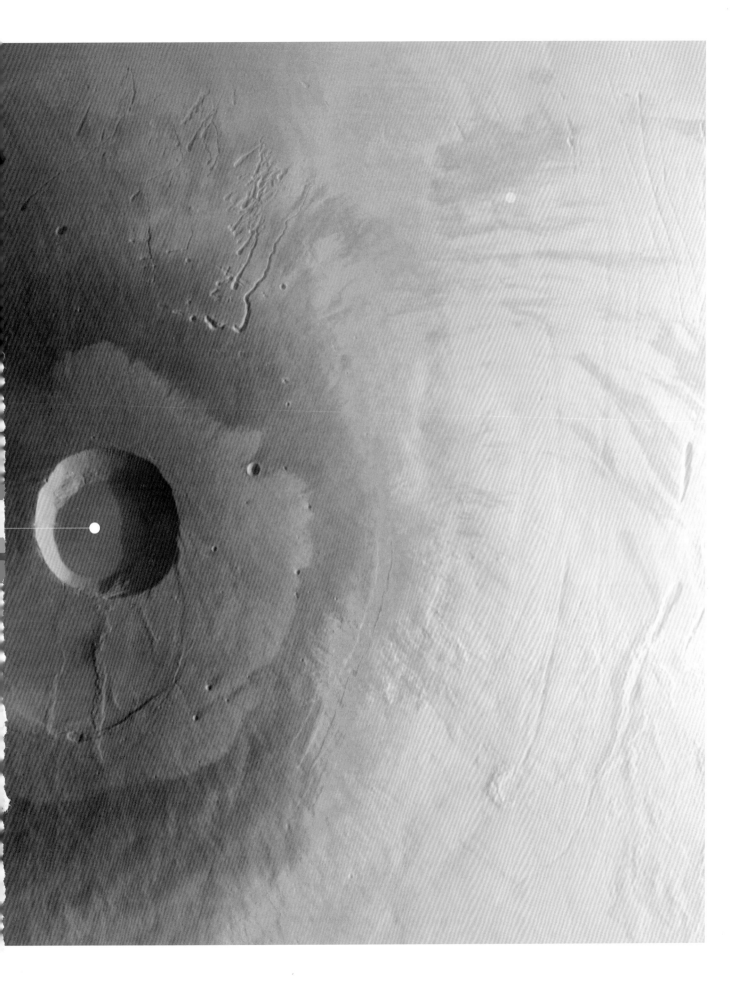

天问一号
2021.4.6 拍摄

天问一号着陆点
25.1°N / 109.7°E

天问一号

2022.1.13 拍摄

0.6°S / 113.6°W

孔雀山

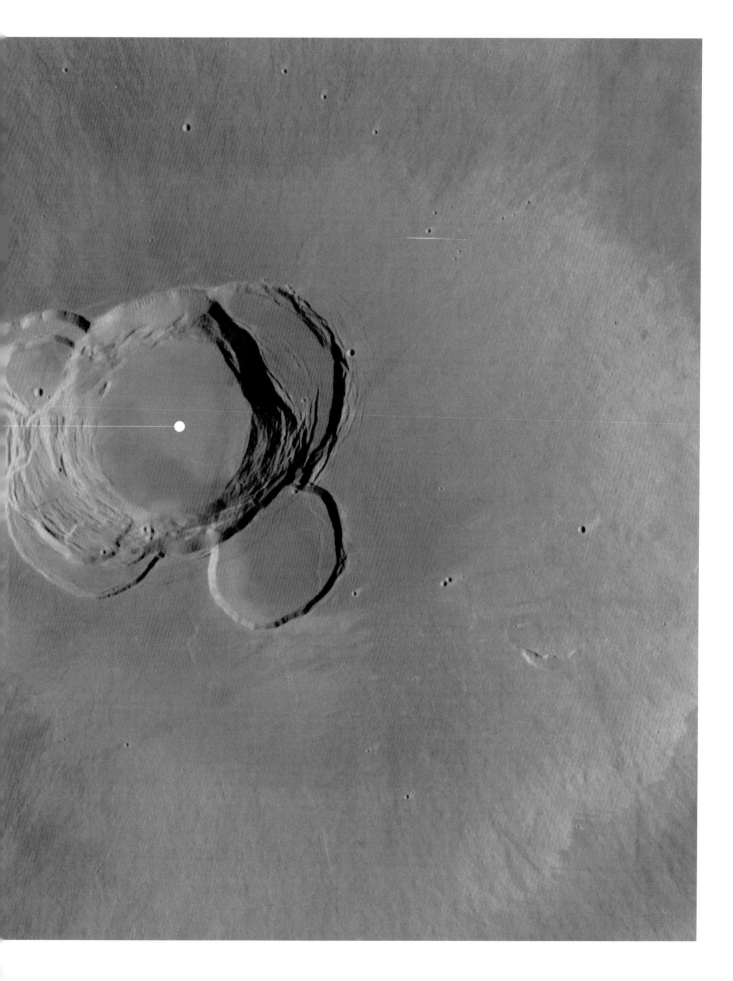

阿尔西亚山

8.3°S / 120.1°W

天问一号
2022.2.7 拍摄

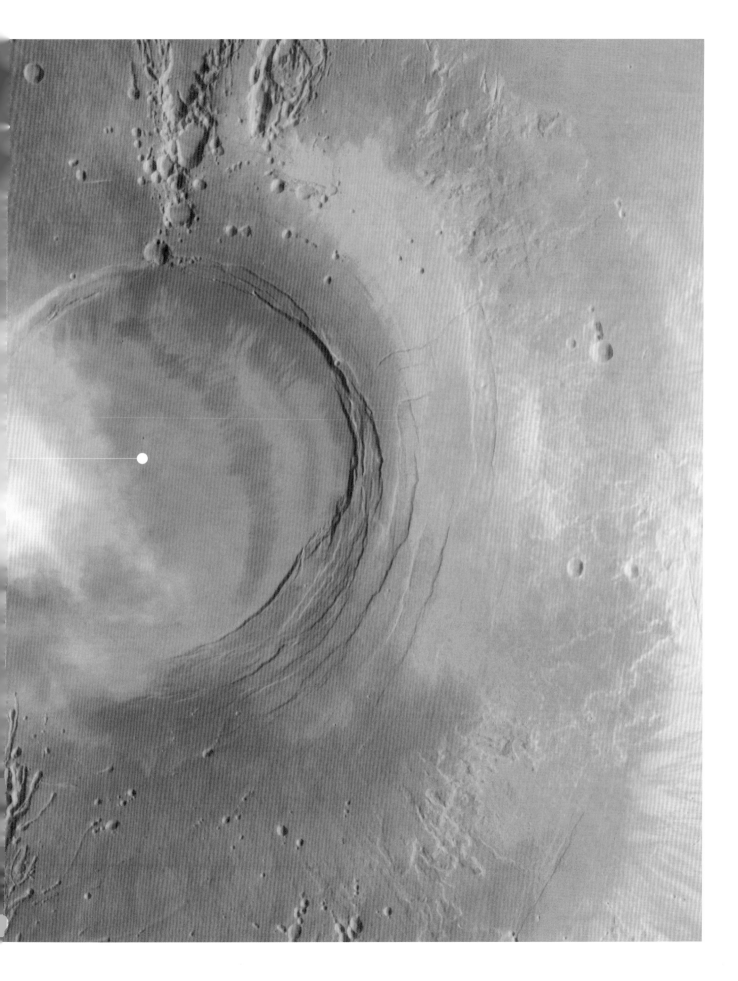

阿斯克拉山

11.92°N / 104.1°W

天问一号

2022.2.1 拍摄

乌托邦平原（局部）

中国首次火星探测

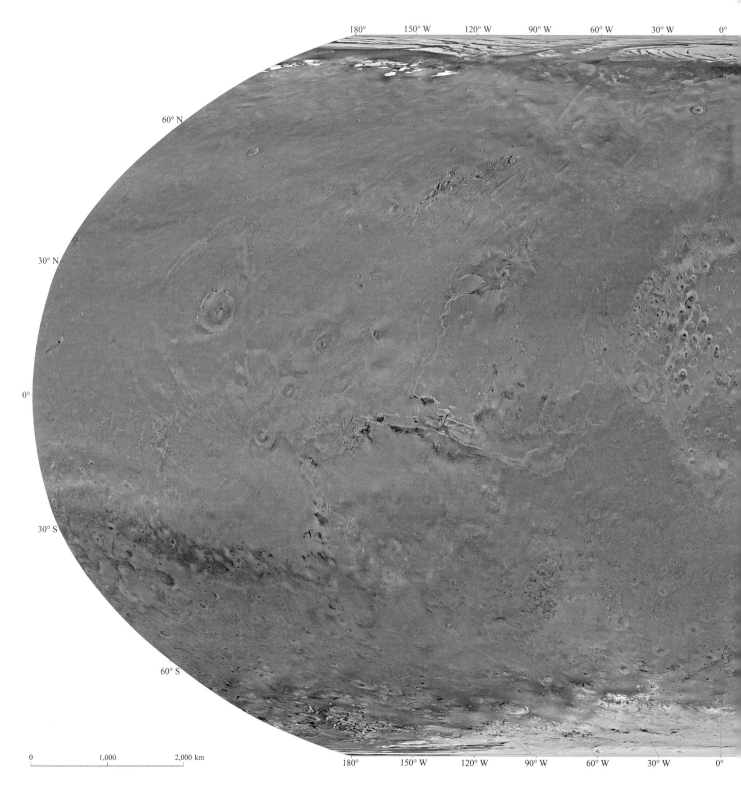

火 星 全 球 影 像 图

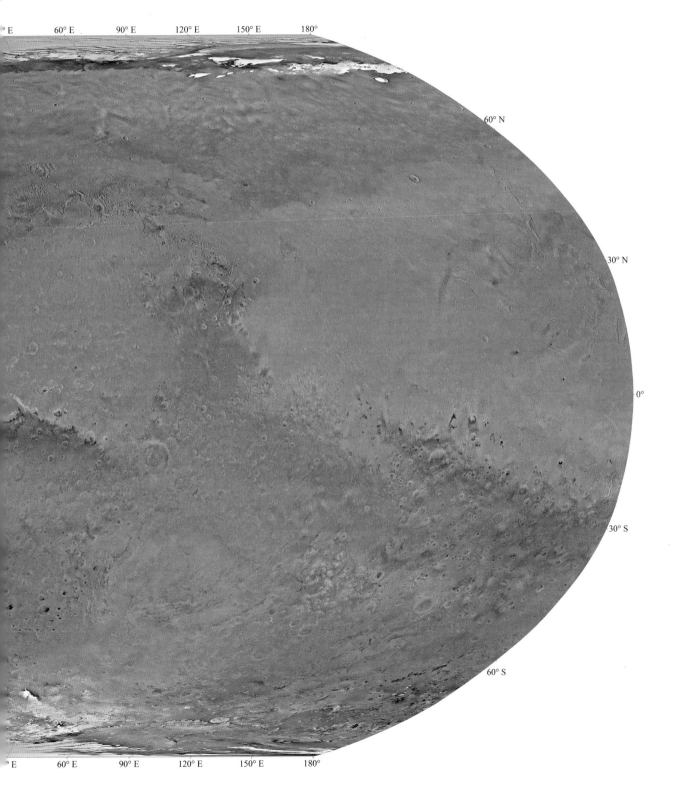

贾 阳

中国空间技术研究院总体部
研究员，嫦娥三号探测器及
嫦娥四号探测器、天问一号
任务探测器系统副总设计师

天问一号任务是我国首次行星际探测任务，祝融号火星车行驶在火星广袤的乌托邦平原，使我国成为第二个在火星表面进行巡视探测的国家。在任务实施过程中，有很多技术细节和感人的故事，王立欢导演和他的团队以异乎寻常的耐心和非凡的专业素养，记录了这些细节和故事，制作了火星探测纪录片和这本介绍火星探测任务的书。如果你关心火星，关心中国的火星探测任务，相信在其中能够找到你感兴趣的内容。

刘建军

中国科学院国家天文台研究
员，天问一号任务地面应用
系统总设计师

《你好！火星》，我们来了！读这本书，你会发现众多天问一号任务的精彩瞬间，深度了解火星探索中的中国智慧、中国方案。希望这本火星探测的历史记录，能够激励更多的年轻人探索浩瀚宇宙，逐梦星辰大海。

耿 言

国家航天局探月与航天工程中心研究员，中国行星探测工程天问二号任务工程副总设计师

火星，古称"荧惑"，取"荧荧火光，离离乱惑"之意，因其神秘难测，有"荧惑法使，司命不祥"之说。今天，我们可以用火星运行的科学原理来清晰解惑，拒绝"司命"的安排，用科学将"命运"掌握在自己手中。

科学的潘多拉魔盒一旦打开，疑问就不断涌现，探索就不会停步。新时代，我国迈出行星探测新征程，一次任务实现火星环绕、着陆和巡视探测，巨大的成功更掀起大家对航天探索的新热情。然而今天的科技，支脉日细日繁，理论日精日深，复杂的工程、技术、科学内涵让术业专攻的人们再次"乱惑"。

立足于"科创科普，两翼并举"，央视王立欢导演团队以求法之诚，历时两年深入天问一号研制现场，与相关领域设计师交流切磋，以外行视角求内行赞叹的专业精神，制作《你好！火星》，精彩展现了天问一号任务的全貌，同时又将天问一号诸多"黑科技"一一揭秘，大量细节展示让业内人士亦叹为观止！

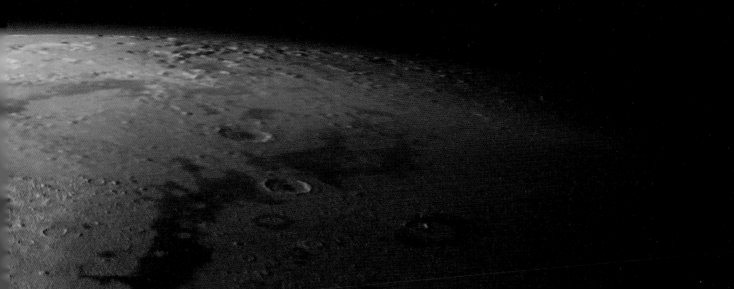

序

　　如果有人问你，有一张去火星的单程票，你愿意去吗？你会怎么回答？反正我会去。就像那句大家讲过无数次的话，对未知世界的好奇心是人类与生俱来的天性。

　　大约从 2017 年开始，我逐渐关注火星，从美国国家航空航天局网站上寻找火星的照片。这些人类已经获得的火星影像深深地吸引着我，让我感到距离那个世界越来越近，越来越近，甚至要钻进照片之中。

　　火星，荒芜、苍凉。想象一下，站在火星表面，你看不到任何人类造化的痕迹，可以纯粹地感受大自然的力量。此刻脚下火面是软还是硬？走起路来会不会像在月球上那样扬起尘土？随手捡起一块火星石头，掂一掂，它是轻飘飘的，还是沉甸甸的？捏一下，它是坚硬的，还是松散的？跳进火星表面的撞击坑里，会找到从天外飞来的陨石碎片吗？去沟壑下面转一转，两侧沉积层岩壁上的断面里，会不会找到远古火星生物的化石？火星红是因为火星表面富含三氧化二铁，那空气中会弥漫着铁锈的味道吗？

　　火星上有风，风吹起的沙尘会翻滚在空气中，漫天赤黄的粉尘与赤黄的火面一起，令人仿佛回到了混沌初开的世界。机遇号、祝融号都曾迷失在这里。

　　都说"3 亿人上冰雪"，可你们谁滑过干冰？来火星尝试一下吧。可以在北极冰盖体验高山速降，也可以在科罗廖夫坑中尽情花滑。

　　乌托邦，人类思想意识中最美好的社会，梦想中的乐园。乌托邦平原是火星上最大的平原。2021 年，中国人派往火星的使者来到了乌托邦平原，让我们有机会近距离去查勘这个梦中乐园。看着祝融号发回来的照片，看着那个既陌生又真实的场景，你有没有一种要在火壤上留下一串新鲜脚印的冲动？

人类为什么要去火星？这是这两年很多人问过我的一个问题。除了好奇心，真的有什么科学价值吗？去火星能给我们带来什么好处？其实，我也说不太清。但是，我可以先讲一讲我所理解的科学是什么。你如果去查百度，会有一长串文字解释什么是科学。我的理解却很简单，科学就是帮助我们认识这个世界，进而帮助我们更好地活下去。

　　2000年，我有幸采访了中国科学院原副院长严东生院士，当年他已经82岁。我问他正在研究什么课题，他告诉我，正在研究到2050年的时候，中国会有多少人口，每年要吃掉多少粮食，怎么能让粮食够吃，他在思考我80岁时吃什么的问题。这就是科学家！这就是科学！

　　我在《飞向月球》第二部的结尾用了一段对欧阳自远院士的采访。欧阳院士是这样说的："我们做月球（研究），再进一步做火星（研究），再进一步向太阳系的星辰大海挺进。我们要了解我们整个生存的环境，研究其如何更适应我们未来的发展。所以，我想这是所有科技工作者的责任和义务，为了我们能生活得更美好，这是我们追求的，使人类社会能够永远地、持续地、健康地、幸福地发展，这也是科学的使命。"

　　回答前面的那个问题，人类为什么要去火星？其实，人类可能在今后的发展中，有一天会不得不离开地球，不得不搬去火星。所以，为了那一天能够从容不迫，今天的我们要飞跃上亿公里，去说一声："你好！火星。"

目录

战国时期，楚国诗人屈原写下旷世奇作《天问》，连问苍天 170 多个问题，探问宇宙的奥秘。两千多年后，带着华夏祖先对太空的追问与求索，中国首次火星探测任务启程，开启中国的行星探测之旅。

去火星

太阳，这个发出耀眼光芒的巨大天体是我们这个行星系的核心，在太阳系内所有物质质量的总和中，太阳竟然占据了99.86%。我们赖以生存的地球仅仅是太阳质量的三十三万分之一。

太阳系示意图

● 有一丝魅惑的火星

太阳以它发出的光和热照耀着整个家族中大大小小的星球天体，这使得我们用肉眼就能够在夜空中，找到它们当中体积大的和距离我们更近的。不仅是今天，古人早就给他们做过精彩的注释。

辰星，这是中国人最早给水星的称谓。

它是距离太阳最近的天体。从这个维度上看，它是八大行星的老大哥。它的表面温度向太阳的一面约为 440 摄氏度。但是从体积和质量上看，它是八大行星中的小弟弟。不足 5000 公里的直径，仅比月球大一些。然而它的表面与月球有几分相似，布满了大大小小的环形坑，还有辐射纹、平原、裂谷、盆地。由于它距离太阳太近了，我们只能在某些特定时候的日出前或日落后，在地平线附近找到它的身影。

金星，与我们的地球大小相似，是距离地球最近的行星。

由于在地球轨道的内侧，我们同样只能在清晨或黄昏才能看见它。在夜空中它是最亮的星星，古人给它起了很多名字：太白星、启明星、长庚星……在西方神话中，它是爱神维纳斯。然而，与这些美好的称谓不相符的是金星的表面环境，那里可以用"地狱"一词来形容。金星大气主要由浓稠的二氧化碳组成，表面的大气层压力为 90 个标准大气压，表面温度约为 480 摄氏度，还时常降下具有腐蚀性的酸雨。

在点点繁星中，有一颗泛着独特红色的星球，它就是地球的近邻——火星。

古代的夜空要比当今显得明亮，那时没有如今的万家灯火，人类在最初仰望星空的时代就注意到了火星。

人们常说热情似火，但是火星似乎总有那么一丝魅惑。因为它暗红的颜色，在东西方的传说中，火星都被赋予了战争、流血和不祥的标签。中国古人认为它红色荧荧，位置和亮度又经常变化，令人迷惑，于是称它为"荧惑"。在中国古代的占星术中，火星的运行往往与战乱相关。

汉代《史记·天官书》中记载："荧惑为勃乱，残贼、疾、丧、饥、兵。"意思是火星代表战乱、疾病、饥荒等不祥之事。宋代《武经总要》记述："荧惑守犯，主兵起。"

不仅是中国，在古巴比伦时代，人们将火星与古巴比伦神话中的冥王奈尔伽尔联系在一起。在古巴比伦的神话里，奈尔伽尔是一个代表黑暗势力的神，如果火星变得明亮，就说明奈尔伽尔活跃起来了，预示着将有灾难来临。

西方称火星为"玛蒂斯"，拉丁语为 Martis，这也是罗马神话里战神的名字。在罗马神话里，他骁勇善战，是罗马人的战神，荷马史诗描述这位战神的性格是鲁钝残忍。

☄ 星空中的火星

☄ 火星有一丝魅惑

火星冲日

　　长期观测火星会发现，火星的大小、明暗存在周期性变化，这是因为火星和地球都沿着各自的椭圆轨道围绕太阳运行，两者之间的相对位置随时发生变化。在内圈的地球有时落在后头，有时又跑在前头。有时中间隔着太阳，距离超远，最远的时候两个星球相隔约 4 亿公里。有时都运行到太阳一侧，又会靠得很近，最近的时候大约 5500 万公里。

　　要想观测到最亮的火星，就要选在地球正好在太阳和火星之间，并且呈一条直线的时候，相当于农历十五看月亮，这种现象叫作"火星冲日"。

　　地球围绕太阳一圈需要 365 天，而火星需要 687 天。火星每走完一圈，地球转了将近两圈。所以，经过 780 天，也就是每两年零两个月左右才会出现一次火星冲日。

　　火星冲日还有一个特点，每次冲日我们看到的火星亮度和大小也不一样，这是怎么回事呢？这是因为火星和地球的轨道特点不同。

🪐 火星冲日示意图

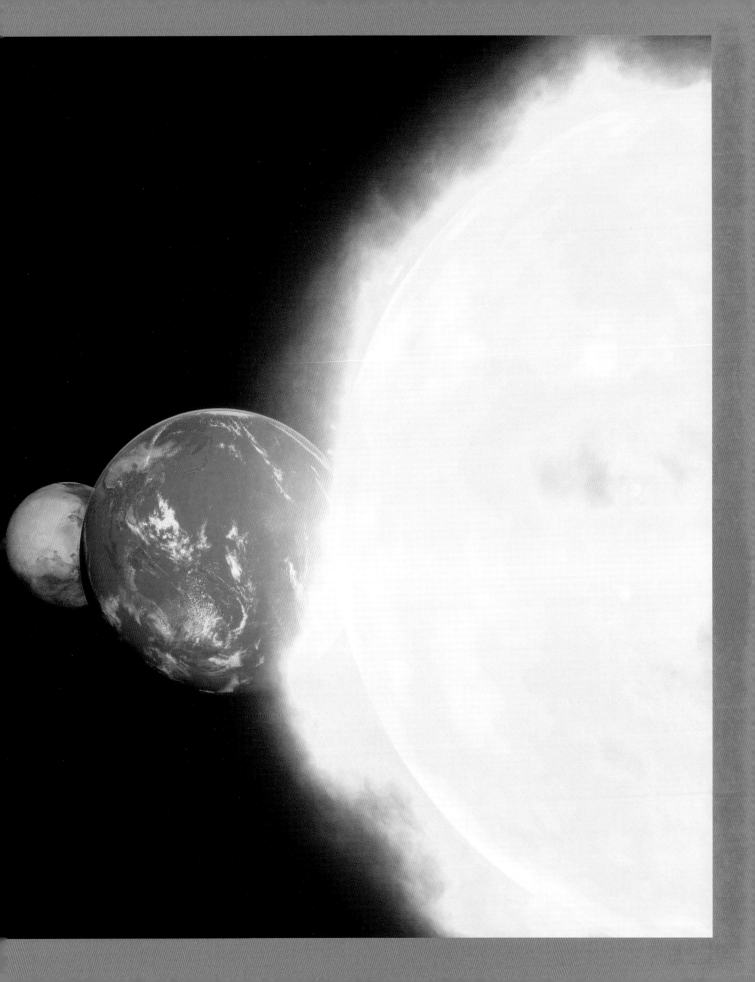

🪐 中科院国家天文台阿里基地

🪐 2020 年 10 月 14 日，在位于西藏的中科院国家天文台阿里基地拍摄的火星

63000000公里

行星轨道都是椭圆形，椭圆的程度却不一样。火星轨道相对来说椭圆的程度更厉害一些，而地球更接近圆形。火星在离太阳最近，也就是在它过近日点的时候，距离太阳大约 2.07 亿公里。而在远日点的时候距离太阳大约 2.49 亿公里，差了约 4200 万公里。当火星在近日点附近发生冲日时，和地球的距离就比较近，最近时可以达到 5600 万公里左右。而在远日点附近冲日的时候，距离地球就比较远，最远可以超过 1 亿公里。两者距离相差了 4000 多万公里。天体距离我们越近，看起来就会越大，看得也越清楚。同样是冲日，火星在近日点附近发生冲日称作"火星大冲"，每隔 15 年到 17 年才会出现 1 次。

"火星大冲"是观测的最佳时刻。2018 年 7 月 27 日，是火星大冲，火星距离地球约 5759 万公里，下一次大冲将在 2035 年发生。

2020 年 10 月 14 日火星冲日，火星距离地球不到 6300 万公里。夕阳西下后，火星便从东方升起，人们可以通宵观赏火星神奇而迷人的风采。火星冲日不仅仅是观测火星的最佳时刻，也是火星距离地球相对近的时刻。

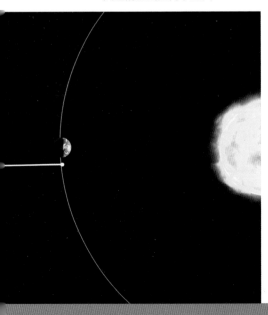

🪐 2020 年 10 月 14 日，地球与火星的直线距离示意图

航天器的飞行

　　世间万物皆会遵循万有引力的规律，航天器若想摆脱地球引力的束缚飞上太空，就需要达到 7.9 公里每秒的速度，也就是第一宇宙速度。但这个速度只能满足航天器围绕地球飞行，不会掉下来，要想脱离地球引力影响范围，飞向遥远的深空，则需要达到 11.2 公里每秒的第二宇宙速度。

航天器飞行示意图

大家都知道两点之间直线最短。如果是这样，航天器以第二宇宙速度离开地球，6300 万公里的距离，只要花上 65 天的时间就能到达这颗红色的星球，感觉还不错吧？

其实这是不可能的！因为地球和火星不是固定不动的，而且航天器在飞行途中会受到太阳和行星引力的影响。事实上，太空旅行的轨迹远比直线复杂得多。与太阳背向飞行，航天器会受到太阳引力的拉拽，耗费更多的能量。

那么，在理想情况下，不走直线，应该如何到达火星呢？这个命题在 20 世纪 20 年代由一位德国人给出了答案。

沃尔特·霍曼，1880年3月18日生于德国，被公认为是人类行星际航行理论方面的先驱。

霍曼的童年有很大一部分时间是在南非度过的，这让他有机会欣赏到南半球美丽的星空，霍曼从小就对太空产生了浓厚兴趣。他非常喜爱阅读法国科幻作家儒勒·凡尔纳和德国科幻作家库尔德·拉斯维茨关于太空旅行的作品。

1904年，霍曼大学毕业后成为一名建筑师。在工作之余，他喜欢阅读有关天文、航天方面的书籍。他思考了一个问题，就是如何让飞行器使用最少的燃料飞到另一颗行星。

经过反复计算，霍曼找到一个最优化的轨道方案，这就是著名的"霍曼转移轨道"。1925年，他出版了一生最重要的专著《天体的可抵达性》，在书中对"霍曼转移轨道"进行了详细论述。

🎤 **朱新波**　天问一号任务环绕器分系统副总设计师

> 这个轨道是一个椭圆轨道，探测器从出发的位置到到达火星的位置，会形成一个椭圆。探测器要和地球的公转轨道、火星的公转轨道相切。

与地球的公转轨道相切，就意味着探测器是沿着地球运行的方向被甩出去的，在已经获得第二宇宙速度的基础上，还额外利用了地球相对于太阳每秒近30公里的公转速度。同时，它的飞行方向与太阳引力方向垂直，并不需要为克服太阳引力消耗更多的燃料。之后，在太阳引力的作用下，探测器会拐一个大弯，来到火星轨道。

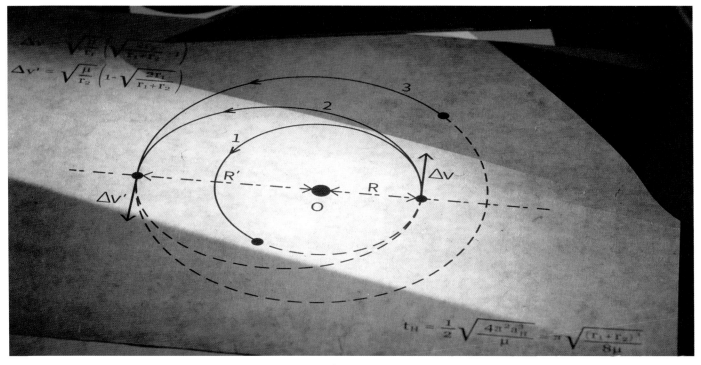

$$\Delta v' = \sqrt{\frac{\mu}{r_2}}\left(1-\sqrt{\frac{2r_1}{r_1+r_2}}\right)$$

$$t_H = \frac{1}{2}\sqrt{\frac{4\pi^2 a_H^3}{\mu}} = \pi\sqrt{\frac{(r_1+r_2)^3}{8\mu}}$$

☛ 霍曼转移轨道示意图

  轨道 1 为出发行星运行轨道，轨道 3 为目标行星运行轨道，轨道 2 为霍曼转移轨道。Ο 为太阳，R 为霍曼转移轨道椭圆短轴，R′ 为霍曼转移轨道椭圆长轴，ΔV 是沿出发行星公转轨道切线方向的速度增量，其数值大于等于根据出发行星的第二宇宙速度折算出飞行器相对于恒星的速度。轨道 1 右侧的点为飞行器出发时出发行星所在的位置，左侧的点为飞行器到达目标行星时出发行星所在的位置。轨道 3 右侧的点为飞行器出发时目标行星所在的位置，左侧的点为飞行器到达时目标行星所在的位置。

☛ 探测器拐大弯到火星轨道示意图

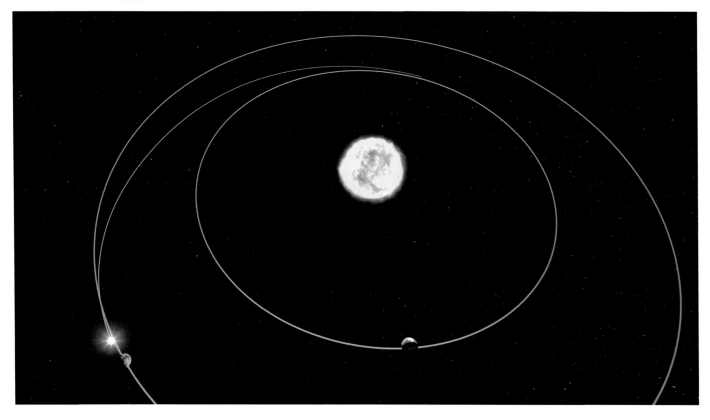

🎙 **王闯** 天问一号任务探测器系统主任设计师

它实现的是一个直接从地球到火星的转移，也就是说，在整个过程中，我们的探测器消耗的燃料最少。

目前，人类去火星的探测器通常会选择霍曼转移轨道，这是一条更加漫长和遥远的旅途，因为对于不载人的探测器来说，路上多花点儿时间根本不是事。这是探测器重量与火箭能力之间平衡的结果，因为火箭的运载能力是有上限的，人们又希望探测器能干更多的事情，带上更多的科学仪器，进而有更多的科学产出。所以，在保证能把探测器送到火星同时又满足探测器极限重量的情况下，霍曼转移轨道是最节省发射能量的轨道，实际上是牺牲时间换能量。

如果想要缩短路上的时间，也有办法，要么减轻探测器重量，要么提升火箭的发射能力。路程又短，飞得又快，用时又短，还省燃料，这种情况是不存在的。鱼和熊掌不可兼得。

采用霍曼转移轨道理论发射火星探测器，时间窗口一般选在火星冲日之前的 3 个月前后，地球、太阳、火星之间的夹角大约为 44 度，一旦错过就要再等 26 个月。

美国的洞察号火星探测器就是因为技术故障，错过了 2016 年 3 月的发射窗口，不得不等到 2018 年 5 月才发射。

又过了 26 个月，2020 年 7 月，飞向火星的发射窗口再次来临。

中国首次火星探测任务即将启程，开启行星探测之旅。这一次，一支由 3 个探测器组成的星际舰队从地球出发，目标火星。

阿联酋希望号火星探测器由阿联酋和美国合作研制，于 2020 年 7 月 20

日搭乘日本的 H-2A 火箭，在日本种子岛发射升空。1500 公斤重的希望号于 2021 年第一季度抵达火星轨道，开始围绕火星飞行。希望号火星探测器的主要任务是研究火星的大气和环境。

美国的毅力号火星车于 2020 年 7 月 30 日从佛罗里达州卡纳维拉尔角肯尼迪航天中心起飞。毅力号火星车有汽车大小，预计会在火星上工作至少 1 个火星年，它将寻找古代火星生命的迹象。此外，它还携带了 1 架小型无人直升机，要在火星大气层进行 5 次短程飞行。

由欧空局和俄罗斯航天局携手研制的罗莎琳德·富兰克林火星车原本计划一同出发。这是一辆 6 轮太阳能火星车，它安装了摄像头、地面穿透雷达和机载实验室以分析岩石样本，希望寻找火星上的生命迹象。然而受新冠肺炎疫情影响，围绕降落伞的一系列测试无法按时完成，罗莎琳德·富兰克林火星车无奈退出 2020 年火星探测大军。原以为会延后到 2022 年 10 月发射，但 2022 年 2 月俄乌战争爆发后，俄罗斯与欧空局的航天合作项目暂停，火星探测再次搁浅。

🪐 希望号发射

🪐 毅力号起飞

● 天问一号即将出发

　　2020 年 4 月初，正当新冠肺炎疫情席卷全球的时候，天问一号来到了中国文昌航天发射场，开始最后的安装测试。

● 中国文昌航天发射场

从外形上看，天问一号由两部分组成，上部是一个馒头形状的银灰色进入舱，里面装着着陆平台和火星车，下边是有 6 个立面的环绕器。

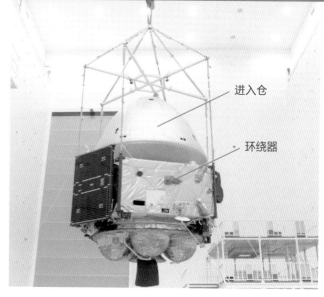

天问一号

🎙 **徐亮** 天问一号任务探测器系统副主任设计师

环绕器的上方是一个非等边六边形，4 个边一样长，两个装帆板的边压伸了 1.5 米，这样就成了一个扁的六边形，我们把这个"V"字面作为对火面。一边放中分辨率相机，一边放高分辨率相机，然后上下左右放天线，展开以后磁强计在侧边展开，用这样一个构型包络满足对火要求。同时，在反面有个大天线进行对地数传，在两侧是帆板。下面部位用来跟运载对接，上面是带着陆巡视器过去的。所以，6 个面几乎被用得满满当当。

2020 年 7 月 4 日，探测器推进剂加注完毕，天问一号被安置在整流罩中，即将转运到火箭厂房。

长征五号，因为身形大且粗壮，被大家亲切地称为"胖五"。"胖五"身高 57 米，由芯级一级、二级和捆绑在芯级一级四周的 4 个助推火箭组成。长征五号跟其他型号的火箭不太一样，长征二号、长征三号火箭直径都是 3.35 米，长征五号芯级直径为 5 米，就连助推器直径都是 3.35 米，所以被称为"胖五"。

🪐 探测器运转

　　"胖五"的芯级是由中国运载火箭研究院在天津滨海新区的工厂生产的，而4个助推火箭则来自上海航天技术研究院。

　　长征五号起飞时有10个发动机同时工作，产生1000多吨的推力，其中芯一级安装了两台50吨推力YF-77氢氧发动机，4个助推器每个安装了两台120吨YF-100液氧煤油发动机，整箭起飞重量超过870吨，相当于400辆小汽车的重量。它可以把重25吨左右的空间站主体舱段送入400公里的近地轨道，或者把重14吨左右的卫星送到36000公里的地球同步轨道，还可以把重8.2吨的嫦娥五号送去月球。

🪐 长五遥四火箭向发射塔架走去。送天问一号去火星，"胖五"是唯一的选择

　　2020 年 7 月 17 日，火箭垂直测试厂房的大门缓缓打开，长五遥四火箭总装测试完毕，正走出厂房，沿着长长的轨道，向 2.7 公里外的发射塔架走去。这是目前中国研制的推力最大的火箭，送天问一号去遥远的火星，"胖五"是唯一的选择。

　　有一句话，叫作"坐地日行八万里"，说的就是在赤道附近的人随着地球自转 1 周，相当于运行了 4 万公里，如果折合成速度，就是 463 米每秒。虽然我们平时并不曾察觉到，但是在地球不同纬度的人所受到的地球自转影响是不一样的。

所以，世界各大航天机构都不约而同地在纬度较低的地方建立发射场。卡纳维拉尔角发射场位于美国最南端的佛罗里达半岛，日本的种子岛航天发射场在日本九州岛以南的岛屿上，欧空局甚至将发射中心建在了南美洲赤道附近的法属圭亚那，这样可以使向东发射的火箭利用上地球自转带来的初速度，提高运载能力。

中国文昌航天发射场位于海南岛最东端的文昌市龙楼镇。这里滨临大海，是中国纬度最低的发射场。以往火箭的运输主要通过铁路，发动机、各种附属部分、一节一节箭身分别装在货运专列的车厢里运送到发射场，然后再逐一组装起来。"胖五"这样的大型火箭由于直径太大，超过了桥梁、隧道的宽度限制，所以"胖五"火箭是用专用的货轮从遥远的北方通过海路运输到这里的。

中国文昌航天发射场位于海南岛最东端

"胖五"的不屈苍穹路

2017 年 7 月 2 日，长征五号遥二火箭在夜色中发射升空。

🎤 **黄兵** 天问一号任务运载火箭系统 01 指挥员

　　那次发射任务我是作为"01"指挥员参加的，我当时就坐在最中心的位置。起飞的瞬间，整个过程跟我们的预期都是一致的，甚至说我们的助推分离也是很完美的。

点火 170 秒后，4 个助推器完成使命，成功分离。
"抛整流罩，文昌光学、雷达跟踪正常，遥测信号正常，文昌飞行正常。"
控制大厅内响起热烈的掌声。然而，又过了 170 多秒，控制大厅里的气氛却有些异常。

🪐 长征五号遥二火箭发射升空

● 长征五号遥二火箭起飞瞬间

王维彬 天问一号任务运载火箭系统副总设计师

346.7 秒。在控制大厅里，有一个飞行弹道，飞行有一个理论值，踩着这个理论值大家心里就踏实了，但是走着走着突然弹道曲线往下走了，大家就意识到肯定出问题了。这没有任何先兆，相当于一个人突然休克了，很突然就没气了，所以当时觉得特别不可思议。

长五火箭芯一级安装了两台 YF-77 液氢液氧发动机，单台推力 50 吨。

金志磊 天问一号任务运载火箭系统专家

芯一级的1台发动机推力大幅下降，出现这种情况后，整个控制大厅突然变得非常安静，大家都有点儿蒙，也都接受不了这个现实。

压力，每个人都感觉到令人窒息的压力。发射过程中的数据曲线只能描绘出问题的大致轮廓，但看不到病根，也就无法用药。如果能够看到发动机究竟出现了什么故障，就有可能精准地找到病灶。显然这是不可能的，动力不足的"胖五"偏离了轨道，已经消失在太平洋中。

许晓勇 天问一号任务运载火箭系统专家

长五遥二火箭发射失利以后，最直观的就是对嫦娥五号月球采样任务和载人空间站工程建设产生了重大影响。他们的计划都被迫推迟了，因为只要发动机的问题不解决，长五就不能复飞。

在中国航天的字典里有一个名词叫"归零"，就是当航天产品出现同预期不一样的情况，就必须严格执行对问题的"归零"处理程序。航天人把"归零"比喻成"在黑暗中探索"，但谁也没想到这次黑夜会如此漫长。

金志磊　天问一号任务运载火箭系统专家

出现问题之后，前后各个环节都得动起来，最后一步一步推吧，看看是哪个产品出现问题，最后大家找到氧涡轮泵。

发动机是火箭的心脏，涡轮泵则是发动机的心脏。涡轮泵通过高速转动为来自贮箱的液氢和液氧增压，使之压入推力室混合燃烧，产生巨大推力，托起火箭飞行。

🪐 发动机是火箭的内脏

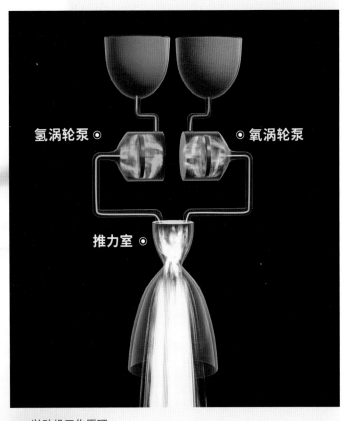

🪐 发动机工作原理

🎙 **金志磊** 天问一号任务运载火箭系统专家

这涡轮端是工作在一个 600 摄氏度的富氢燃气环境中，泵端是工作在零下 180 摄氏度的液氧环境中。 这两个地方离得很近。 一端是热的，一端是冷的，基本上这里面的环境用一句话描述就是"冰火两重天"。

不仅环境恶劣，涡轮在工作的时候会以每分钟近两万转的速度转动，这让它的受力情况变得更为复杂，高速旋转会产生振动。 而在发动机上有 3 个大的振源：氢涡轮泵、氧涡轮泵，还有推力室。

🎙 **金志磊** 天问一号任务运载火箭系统专家

振动频率不能相同，否则就会发生耦合振动，产生共振。 共振起来之后，振动量级就会越来越大，最终使一些结构件遭到破坏。 上物理课的时候，老师经常会讲军队过桥时，军人的步伐很整齐，引起桥共振，最后桥塌了。

问题找到了，是振动引起的氧涡轮泵内部结构破坏，导致发动机熄火。

🎙 **黄兵** 天问一号任务运载火箭系统 01 指挥员

我们当时把一个可能出现问题的结构进行了加强，对它做了改进。 改进之后我们进行了大量的试车，从各种数据来看没有什么问题了，好像这个问题解决了。

🪐 北京航天试验技术研究所航天发动机试车台

    这里是位于北京云岗的航天发动机试车台，一台 YF-77 氢氧发动机正被安装在试车台上，通过点火测试来考核检验发动机的性能。2018 年 11 月 30 日，一台用于验证改进方案的发动机在试车中出现了问题。

🎤 **金志磊**　天问一号任务运载火箭系统专家

> 2018 年 11 月的这次试车，没有出现明显振动的问题，而是发生了氧转子盘轴，就是氧涡轮泵中 1 个转子盘轴断裂。

在此之前，转子盘轴并不是上次故障归零锁定的问题，这台发动机总共测试了 6 次，接近 3000 秒的时间。

🎤 **金志磊**　天问一号任务运载火箭系统专家

> 反过头来再看之前的振动数据，也是有两次明显的振动频率异常，所以是这个振动频率造成转子盘轴断裂。

🎤 **王维彬**　天问一号任务运载火箭系统副总设计师

> 这个振动比较诡异，它有时候出现，有时候不出现，时隐时现。它对结构的损伤也是，有时候有破坏，有时候没有破坏。因为它是随机的，所以给分析带来一些困难。

针对这个振动频率，技术团队采用了更高精度的数据分析手段，把以前的试测数据再重新分析，发现很多台次的试测中氧涡轮泵都存在异常频率。这好比换了一个更高倍率的放大镜，让原来看不到的隐患显形了。

看来这回应该是找到了故障根源，于是设计师对盘轴进行了结构加强，通过加粗、加厚、改变局部形状的方法来对抗振动。大家眼前出现了曙光，长征五号遥三火箭的发射被安排在 2019 年夏天。

☄ 第三次试车现场

　　改进后的发动机要进行 3 次试车，前两次一切正常，距离成功只有一步之遥了。2019 年 4 月 4 日进行第 3 次试车，人们充满信心，势在必得。

🎤 **王维彬**　天问一号任务运载火箭系统副总设计师

　　我们一般试车都在下午两点，试完了要进行数据处理。大概晚上 10 点半，办公室的一个年轻人给我打电话，说从振动参数看出有点儿异常。

技术人员在分析振动频率的时候，再次发现了频率的异常变化，而频率变化就意味着结构上已经产生破坏。

对于研制团队来说，这无疑是让眼前的希望变为巨大的失望。挫败让设计师们开始怀疑一切，开始否定自我。难道是设计方案先天不足？

归零！再次归零！

🎙 **许晓勇**　天问一号任务运载火箭系统专家

> 研制过程中的这种波折反复，从科学的角度来说是正常的，科学的大道上没有坦途。出现故障，寻找原因，再进行归零，再改进，然后再去验证，它本身就是一种科学的方法。

长征五号箭在弦上，依旧不能发射，发动机被召回。距离天问一号出发的日子只剩下1年多一点儿。如果火箭的问题不能解决，天问一号就有可能赶不上2020年的发射窗口，中国的行星探测计划将被迫推迟。

🎙 **王维彬**　天问一号任务运载火箭系统副总设计师

> 那个时候是一个新的转折点，就是在对那个现象做进一步分析的时候，才真正接近事情的真相。

在科学探索的道路上，并不总是一帆风顺，尤其是航天领域，这是一项充满高风险、极具挑战的事业。

🎤 **王维彬**　天问一号任务运载火箭系统副总设计师

　　这个过程特别曲折，一波三折，有时候觉得接近真相了，但是一实验又出问题了。

　　然而，经过几代航天人的接续奋斗，我国航天事业创造了以"两弹一星"、载人航天、月球探测为代表的辉煌成就，走出了一条自力更生、自主创新的发展道路，积淀了深厚博大的航天精神。这是支撑航天人愈挫愈勇的精神力量。

　　2019年7月31日，经过改进后的发动机再次试车。在之后的两个半月时间里，4台发动机，8次试车，八战八捷！

　　10月，长征五号遥三火箭通过出厂评审来到海南。

🪐 长征五号火箭出厂

2019 年 12 月 27 日傍晚，一辆辆大轿车从海南航天城的大门鱼贯驶入，一群群观众从车上下来，来到指定的观看场。文昌航天发射中心是一个开放的航天发射基地，热爱中国航天的人们可以在这里见证伟大的时刻。

"5，4，3，2，1，点火！"

20 点 45 分，长征五号遥三运载火箭点火，夜空仿佛被烧开了一个洞，浴火重生的"胖五"火箭飞上苍穹。

🎤 **黄兵** 天问一号任务运载火箭系统 01 指挥员

整个过程我们都死盯着那两条曾经让我们很难受的线，高度曲线和速度曲线完美贴合，直到最后，所以大家一直绷着，一直绷着一股劲，直到最后星箭分离，准确无误。

圆满成功！经历了 908 天的漫长等待，一群航天人走出了人生中的至暗时刻，他们打赢了中国新一代运载火箭的"翻身仗"。

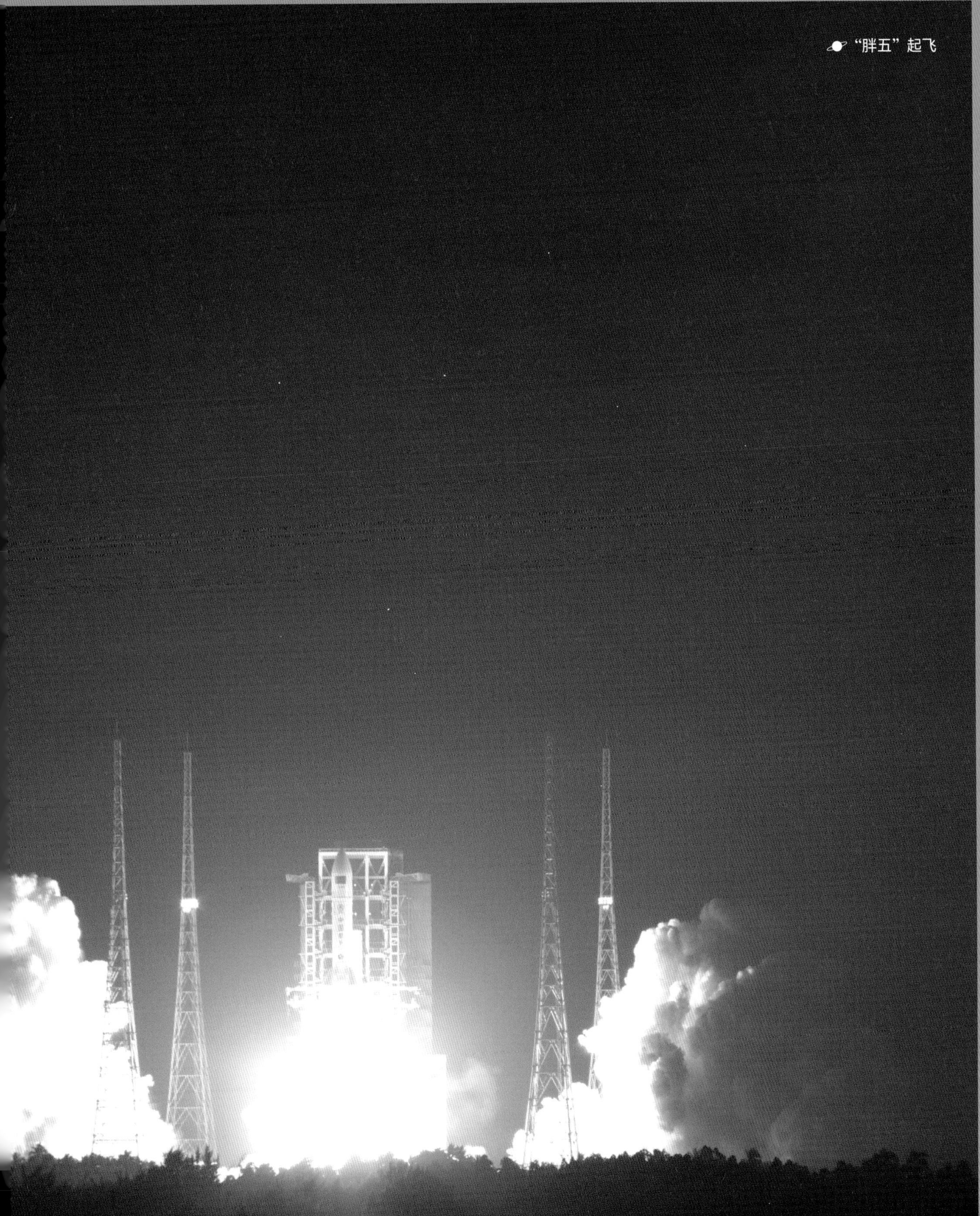

“胖五”起飞

中国行星探测开启新征程

2020 年 7 月 23 日，文昌航天发射场，火一样的骄阳照射在白色的火箭上。指控大厅里的人们却是有条不紊，心静如水。10 个小时前，燃料已经开始加注，并将持续到发射。

长五遥四火箭整流罩上，中国行星探测的标志格外显眼，这将是中国首次走出地月系，迈向太阳系家族中的大行星。火箭将把天问一号探测器送往火星。

"10，9，8，7，6，5，4，3，2，1，点火！"

7 月 23 日 12 点 41 分，天问一号由长五遥四火箭发射升空，这一刻中国人已经等了许久。时间退回到 10 多年前，中国曾经还有过两次探索火星的机会。

2007 年，中国发射了嫦娥一号月球探测器，并获得了圆满成功。嫦娥二号是嫦娥一号的备份星，于是有人提出它没有必要重复嫦娥一号的工作，可以考虑去火星，因为 2009 年正好有火星发射窗口。一批科学家进行了嫦娥二号去火星的论证，但是很遗憾这个想法没有实现。

天问一号出发

第一章　去火星

与此同时，中国的第一个火星探测器"萤火一号"正在研制中。2007年6月，中俄正式签署中俄联合探测火星工程的合作协议，利用俄罗斯"福布斯－土壤"探测计划，与俄罗斯联合开展一次火星探测。

"福布斯－土壤"由3部分组成，上面是1个着陆器，下面是包含发动机和燃料储箱的推进舱，上下之间有桁架结构连接，在桁架结构中间是"萤火一号"的固定位置，"萤火一号"相当于是在它的肚子里。探测器抵达火星之后，会把推进舱分离抛掉，之后再把桁架抛掉，"福布斯－土壤"探测器再与"萤火一号"分离，它将着陆火星的一个卫星火卫一，收集上面的土壤样本，并将首次把收集到的土壤带回地球。"萤火一号"留在环绕火星的轨道上展开科学探测。"福布斯－土壤"探测器有约110公斤的荷载余量，所以，"萤火一号"探测器需要按照约110公斤的重量去设计。

"萤火一号"由上海航天技术研究院承担研制任务，探测器长、宽各约75厘米，高60厘米，体积不到1立方米。两侧太阳帆板展开近8米，质量约

● "萤火一号"模型

110 公斤，设计寿命 2 年。"萤火一号"上共携带 8 件仪器，由中科院空间中心负责科学载荷的研制，包括两台摄像机、两台磁强计以及离子探测包、光学成像仪等。"萤火一号"主要科学探测目标是对火星的空间磁场、电离层和粒子分布变化规律，以及火星大气离子逃逸率进行探测。此外，还将探测火星地形地貌、沙尘暴以及火星赤道附近的重力场，探测研究火星表面水的消失机制，揭示类地行星的空间环境演化特征。在探测器取名时，选择了中国古代对火星的称谓"荧惑"的谐音——萤火，寓意它仿佛是暗夜中的一只小小的萤火虫。但实际上，它是飞进太阳系，进入深空，奔向火星的最小的一个探测器。

深空探测有几个需要着重解决的技术能力问题。当时，中国火箭的运载能力没有问题，探测器的研制水平也没有问题。在研制"萤火一号"的过程中，遇到最主要的问题在于测控通信方面。当时中国的深空探测能力还存在一定的局限，卫星地面站天线的最大口径只有 18 米，仅能满足对 38 万公里外探月的测控需求，对于保障最远 4 亿公里的火星通信传输，实力达不到。

而俄罗斯深空网建于苏联时期，时间比较早，也很成熟，东、西两站经度相隔 100 度左右，有很长的接力观测时间。乌苏里斯克站、叶夫帕托里亚站的深空天线的口径都是 70 米，接收科学探测数据的熊湖站天线口径也有 64 米。因此，"萤火一号"需要利用俄罗斯熊湖站的 64 米地面天线来作为数传的接收天线，乌苏里斯克和叶夫帕托里亚两个深空站对"福布斯－土壤"探测器进行测控。

2009 年初，"萤火一号"制造完成，4 月，启程运往俄罗斯，计划于当年秋天发射。从 8 月份开始就有"小道"消息传出，"福布斯－土壤"根本赶不上进度，不可能在 10 月那个窗口发射。9 月 20 日，俄罗斯拉沃什金设计局终于承认，他们无法赶上 10 月份的发射窗口，不得不推迟两年再发射。受此影响，"萤火一号"又被运回上海。

"萤火一号"在库房里存放了两年，其间还进行了几次加电测试。2011 年 6 月，它被再次运往莫斯科。在拉沃什金设计局和拜科努尔发射场进行的测试表明，探测器一切正常。

2011 年 11 月 9 日凌晨，搭载着"福布斯 – 土壤"和"萤火一号"探测器的"天顶 –2SB"运载火箭从哈萨克斯坦的拜科努尔航天发射场发射升空。福布斯发射后，应该进入 200 公里高度的轨道，之后由火箭的上面级（在火箭基础级上增加的具有独立控制系统和动力系统的火箭子级）做几次近地点加速，逐渐将椭圆轨道的远地点升高，每次到近地点速度都会加快，直到加速到超过 11.2 公里每秒。然而，发射之后地面仅收到了 1 次遥测信号，没多久探测器就失联了。

第二天，俄联邦航天局发布消息，称探测器遭遇意外情况，上面级发动机没有按原定的程序在轨道近地点启动，而且测控应答机也出了问题，无法与地面取得联系，也无法接收地面的指令。通过地面雷达和光学的观测数据判断，"福布斯 – 土壤"仍然在高度大约 200 公里的近圆轨道上飞行。

2011 年飞向火星弹道的窗口最晚将于 11 月 21 日关闭，也就是说如果"福布斯 – 土壤"无法在这个时间之前踏上地火转移轨道，那它就永远无法到达火星了。实际上，"福布斯 – 土壤"在 200 公里高的轨道上孤独地飞行了两个月。2012 年 1 月 15 日，俄罗斯宣布，2011 年 11 月发射失败的"福布斯 – 土壤"火星探测器的碎片于莫斯科时间 15 日 21 点 45 分（北京时间 16 日 1 点 45 分）左右坠落在太平洋海域。中国的第一个火星探测器也就随之灰飞烟灭了。

中国科学院国家空间科学中心原主任、"萤火一号"首席科学家吴季曾经回忆说：虽然"萤火一号"没有实现我们奔向火星的梦想，但是它使中国的空间科学家体验了通过自主设计的科学目标，登上国际竞争与合作的大舞台的过程。在"萤火一号"之前，我们国家还没有一个专门研究火星的团队，甚至还没有一本关于火星的教科书，哪怕是翻译的，都没有。"萤火一号"之后，我们不但组建了相关的科研团队，翻译出版了关于火星的教科书，还在之后提出了一系列新的科学目标和探测方案，为今后我国自主火星探测奠定了基础，培养了人才队伍。

虽然"萤火一号"没有实现探索火星的梦想，但是小小的萤火虫点燃了中国人奔向火星的激情。2014年11月9日，在第十届中国国际航空航天博览会上，中国航天科技集团展出了火星探测环绕器模型和火星巡视器原尺寸模型。

2016年1月11日，中国火星探测任务获得国家批准立项，将于2020年前后实施。

在两千多年前，屈原在楚国先王宗庙的墙壁上写下了世界文库中绝无仅有的旷世奇作《天问》。

遂古之初，谁传道之？上卜未形，何由考之？冥昭瞢暗，谁能极之？冯翼惟象，何以识之？……

在《天问》中，屈原从宇宙之本源，到阴阳之俱化，从天地之构造，到星辰之往亘，连问苍天170多个问题，追寻宇宙的奥秘。

在人类文明的进程中，不论古今、不论国家民族，人们一次次仰望星空，一步步探查宇宙奥秘，以拓展人类认知的边界。1957年，第一颗人造卫星诞生。在此后的60多年时间里，人类共发射了1万多个航天器，各类探测器相继拜访了月球、水星、金星、火星、木星、土星、天王星、海王星和冥王星。

带着两千多年前古人对太空的追问与求索，航天人又开始了新的攀登。

2020 年的 4 月 24 日，第五个"中国航天日"到来之际，备受关注的中国首次火星探测任务名称、任务标识正式公布。中国行星探测任务被命名为"天问系列"，首次火星探测任务被命名为"天问一号"；中国行星探测工程图形标识为"揽星九天"。

中国行星探测
PEC

中国行星探测
mars

🪐 "揽星九天"的含义

太阳系八大行星依次排开，表达了宇宙的五彩缤纷以及科学发现的丰富多彩。饱含动感、气韵流动、开放的椭圆轨道整体倾斜向上，展示了独特字母"C"的形象。独特字母"C"，汇集了中国行星探测（China）、国际合作精神（Cooperation）、深空探测进入太空的能力（C3）等多重含义，展现了中国航天开放合作的理念与态度。

从探月到探火，中国航天按照习近平总书记不断追求航天梦的指引，在科学探索的道路上越走越远，为拓展人类对未知世界的认知，做出中国贡献。

许晓勇 天问一号任务运载火箭系统专家

　　这 908 天的发动机故障攻关，用晚清学者王国维的话，就是成就大事一定要经历 3 种境界：昨夜西风凋碧树，独上高楼，望尽天涯路。衣带渐宽终不悔，为伊消得人憔悴。众里寻他千百度，蓦然回首，那人却在灯火阑珊处。

火星似乎有一种独特的魅力，不断激发着人们的想象力，各种各样的传说甚嚣尘上。航天时代终结了这些传说，空间探测器正在一步步揭开火星神秘的面纱。天问一号正代表人类飞往另一个星球，这段孤独的旅程需要近 7 个月，路程近 5 亿公里。

第 二 章

在路上

人类的火星探索梦

　　1984 年，一个个子不高、头上能长出天线的小老头儿，走进了中国千家万户的电视机。他能把自己隐身，能看透别人的心思，能摇指移物，能钻墙打洞。他就是火星叔叔马丁。

　　1963 年，当《火星叔叔马丁》这部系列科幻电视剧在美国首次播出的时候，人类已经开始向火星发出探测器。当时正是美、苏两国在冷战背景下，以航天作为角力场，互相展示国家实力的时代。其实，人类对火星的向往并不是从这一刻才开始的。

🪐 电视机里的火星叔叔马丁

　　第谷·布拉赫，丹麦天文学家和占星学家，1546 年出生于一个贵族家庭。学生时代的第谷就对天文学产生了极大的兴趣。他在天文观测方面具有超强的能力，通过长期观测制作出新的星表。像早期的天文学家那样，他一生都对占星术感兴趣。在当时的欧洲，占星术是远比真正的天文学更有利可图的行业。1576 年，丹麦国王将丹麦与瑞典之间的汶岛赐给他，并给了他一笔经费，让他建立天文台。于是，第谷在汶岛建立"观天堡"，这是世界上最早的大型天文台。第谷在这里工作了 20 多年，对星象进行了长期精确的观测，观测精度之高是他同时代的人所望尘莫及的，他编纂的星表数据甚至已经接近了肉眼分辨率的极限。

　　第谷虽然在长期观测中积累了大量天体运行的数据，但他并不善于计算，从而无法有效地总结出天体运行的规律，然而一个年轻人的出现恰好可以解决这个问题。

约翰尼斯·开普勒，1571 年出生于神圣罗马帝国。在很小的时候，他和妈妈一起看到美丽的彗星，后来又看到了神奇的月食，于是喜爱上了天文学。开普勒有很强的计算能力。1594 年，23 岁的开普勒成为格拉茨新教学校的数学与天文学教师。1596 年，开普勒出版了《神秘的宇宙》一书，后来他把这本书寄给了第谷。第谷十分欣赏他的智慧和才华，写信给开普勒，邀请他做自己的助手，还给他寄去了路费。

1600 年，开普勒来到第谷身边。经过几个月的磨合，第谷给了开普勒一些数据，那正是火星的运行数据。很快，开普勒根据第谷观测的这些数据计算出火星的运行轨道。然而令人不解的是，开普勒计算出的火星轨道并不是通常大家认为的正圆，而是一个椭圆。

是开普勒计算有误，还是第谷的观测数据不对？疑问还没有解开，意外却发生了。1601 年秋天，第谷在布拉格参加神圣罗马皇帝的晚宴，回去后就一病不起。11 天后，第谷就去世了。临终前，他把自己几十年辛勤工作积累下来的观测资料和手稿全部交给了开普勒，并叮嘱他一定要尊重观测事实。

第谷去世后，开普勒继续进行火星轨道的研究。通过大量的计算和实验，他发现火星是沿着椭圆轨道围绕太阳运行。椭圆有两个焦点，太阳正好位于椭圆的一个焦点上。在发现椭圆轨道适用于火星的数据之后，他立即推断出所有行星都以太阳为中心按照椭圆轨道运动，这就是关于行星运动的开普勒第一定律——椭圆定律。1609 年，他将这一论述发表在新书《新天文学》上。

同样在 1609 年，一个意大利人制造出世界上第一架望远镜，并将它指向夜空，这个人就是伽利略。那一刻，人类的天文学进入望远镜时代，而伽利略是第一个通过望远镜观测火星的人。

就在伽利略去世后的第二年，诞生了另一位伟大的科学家——艾萨克·牛顿。牛顿发明了反射式望远镜，与伽利略使用透镜折射的望远镜相比，反射式望远镜能够将物体放大倍率提高数倍。

尽管如此，牛顿还是写下这样一段话：即使制造望远镜的理论最终能被完全付诸实践，仍会有某种束缚使得望远镜无能为力。因为我们是穿过大气仰望众星，而大气无时无刻不在颤动。

☄ 牛顿设计制造的反射式望远镜

1877年，这一年的9月5日火星大冲。这意味着太阳、地球和火星依次排成一条直线，并且火星位于近日点附近。这是难得的观察火星的机会，此时天文学家手中的望远镜更加精良，他们希望利用这次大冲的机会尽可能观察到火星表面的细节，从而绘制出全新的火星地图。

很快，大家的地图纷纷出炉，其中伽利略的老乡、米兰布莱拉天文台台长斯基帕雷利的成果特别惊人，在他绘制的火星表面图上记录了整整40条河道。这些纤细

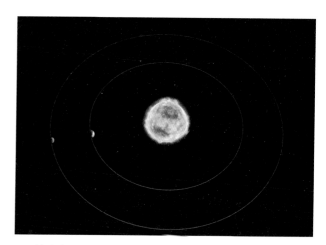

☄ 地球火星太阳排成一条直线示意图

而规整的线条穿过大片沙漠，在整个地图上格外引人注目。

据记载，斯基帕雷利是一个红绿色盲。也许正因为如此，他对视觉上的线条细节非常敏感。这些火星上的"河道"很快在地球上引发了轩然大波，因为当他的观测报告被译成英文时，"河道"被翻译成了带有强烈人工色彩的词——"运河"。这就意味着火星上有像我们地球人一样耕作的火星人！

☄ 意大利米兰布莱拉天文台

☄ 斯基帕雷利绘制的火星表面图

047

比起实际的观测，层出不穷的假设和猜想反而占据了那段时间关于火星话题的主要部分。人们不断发挥自己的想象力：火星上居住着智慧生命，他们建造了网状的运河系统……关于火星人的故事越来越多、越来越逼真，也越来越深入人心。在这当中有一个人不得不提。

帕西瓦尔·洛厄尔，美国人，出身贵族，有人说他是业余天文学家。他曾经经商，也当过外交官。他对天文学很感兴趣，对斯基帕雷利所描绘的火星运河尤其感兴趣。所以，他在亚利桑那州干燥的沙漠地带兴建了一座私人天文台。那里远离城市灯光，空气干燥，视宁度好。1894 年，洛厄尔天文台落成。洛厄尔废寝忘食地研究火星 15 年，拍摄了几千张火星照片，毫无疑问他看到了火星上的"运河"。事实上，他看到的比斯基帕雷利曾经看到的要多得多，而且他画出了详细的图，包括 500 多条运河。他在绘制的火星地图上，在运河相交处勾出了 "绿洲"，还详细记录了季节性的变化，似乎是庄稼生长成熟的反映。他认为这就是火星智慧生命的杰作。他出版了一本名为《火星》的书，在里面详细描绘了火星人开凿运河，兴修水利，种植农作物。

如果说斯基帕雷利由翻译错误引发的关于火星 "运河" 的说法仅仅在科学界小范围传播，帕西瓦尔·洛厄尔则是把火星人的存在推向了大众。一时间，茶余饭后聊一聊火星人成为时尚，人们甚至为此争论火星人到底是怎样生活的。1906 年和 1908 年，帕西瓦尔·洛厄尔又先后出版了两本书——《火星及其运河》和《火星，生命的乐园》。在书中，他拓展了火星人理论，还附上了火星城市、运河的地图。这对人们的误导越来越深。

此后，关于火星人的猜想、假说越来越多，越来越逼真，关于火星人的科幻作品更是层出不穷，甚至出现了火星上的智慧生命驾驶飞船来攻击地球的故事。更离谱的是，火星人侵略地球的故事被改编为广播剧。1938 年 10 月 30 日，美国哥伦比亚广播公司在节目中播出了火星人登陆美国各地的实况报道。在那个以广播为新闻主要传播渠道的时代，火星人入侵立刻成了爆炸性新闻，甚至引发了骚乱。一时间人们确信，火星人就要来临，大家惊恐地仰望天空，想要看看火星人是否已经杀到自己身边。据统计，美国有超过 170 万人在听到这条广播后相信火星人真的入侵地球了。

火星人的各种传说随着航天时代的来临而被终结。首先是苏联，1957 年，苏联人把第一颗人造卫星斯普特尼克 1 号送上太空后，就把目光投向了火星。仅仅 3 年之后，1960 年 10 月 10 日，苏联向火星发射了第一个探测器火星 1A 号。4 天后，第二个火星探测器火星 1B 号升空，它们的目标是飞越火星。然而，这两个火星探测的先行者连地球轨道都没能到达。

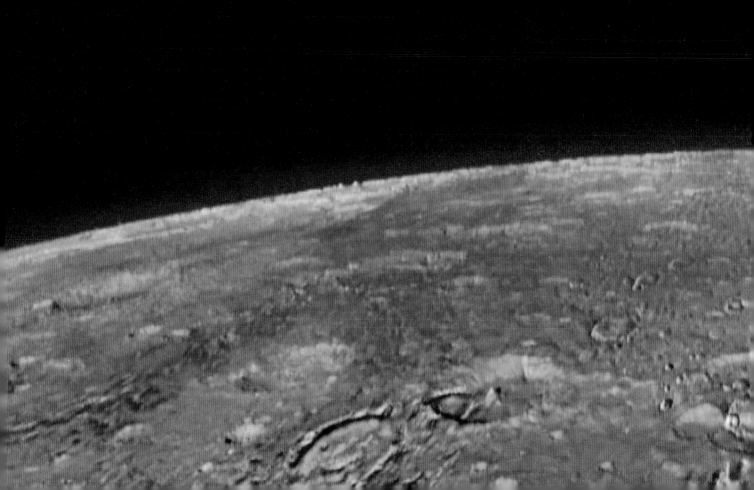

两年后，当火星又一次运行到合适的位置时，苏联又接连发射了 3 个火星探测器，它们当中仅有 1962 年 11 月 1 日发射的火星 1 号成功进入了前往火星的轨道。然而 140 天后，当它飞行到距离地球 1.06 亿公里时，与地面永远失去了联系。

又过了两年，美国也开始向火星发射探测器。1964 年 11 月 5 日，水手三号发射升空，然而探测器的保护罩未能按计划分离脱落，导致探测器偏离轨道，最终发射失败。至此，人类的前 6 次尝试均以失败告终。

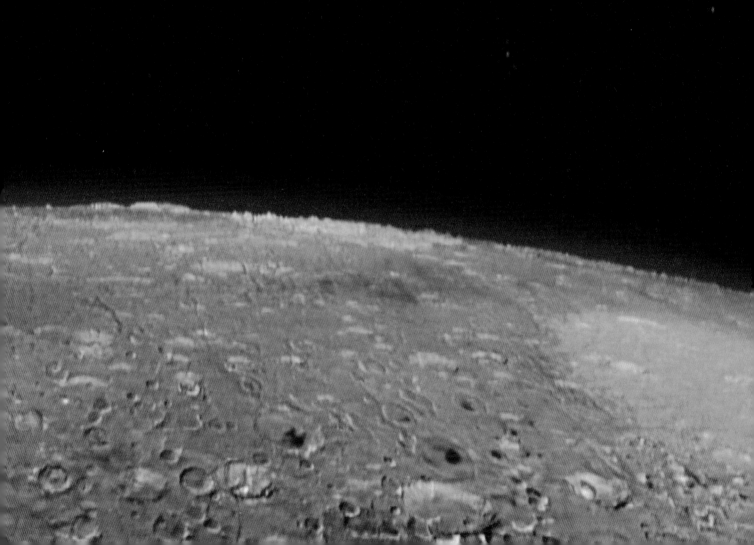

人类历史上第一次近距离了解火星发生在 1965 年，水手四号要比它的姊妹星水手三号幸运得多。作为第七个飞向火星的探险者，1964 年 11 月 28 日，它从卡纳维拉尔角发射升空，飞行了将近 8 个月后，于 1965 年 7 月 14 日从距离火星表面约 9800 公里的上空掠过。水手四号成为人类有史以来第一个成功到达火星的探测器。它向地球发回了共计 5.2 兆字节的火星信息，5.2 兆字节不过是如今我们用手机随手拍下的 1 张照片数据量的大小。然而在当时，这是人类首次获得的 22 张近距离火星照片。尽管这些照片大部分成像失败，却开启了一个全新的时代。从此，空间探测器逐渐揭开火星的神秘面纱，使人类得以详细地了解这颗星球。

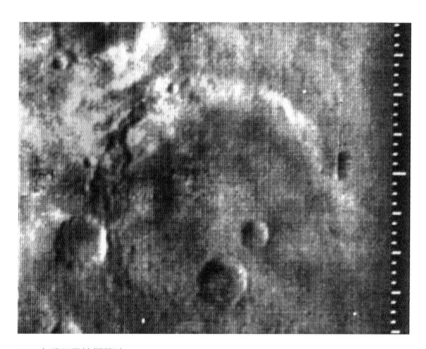

　　水手四号拍摄照片

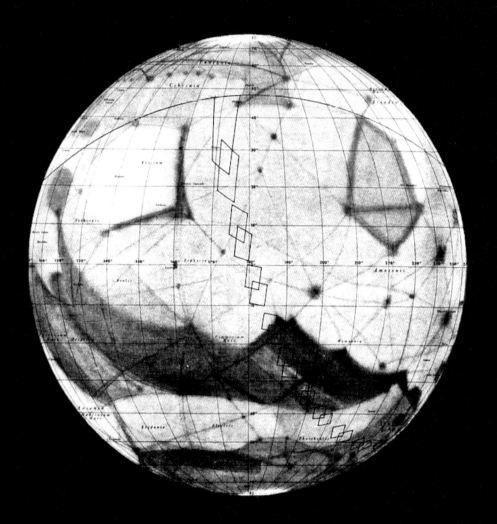

👤 水手四号拍摄轨迹

第一个成功环绕火星的探测器是美国的水手九号。1971 年 11 月 14 日，当它到达火星时，出乎意料地发现整个星球笼罩在沙尘暴中。在沙尘暴的云雾中还有一些凸起，尘埃落定后科学家发现这是火山的峰顶。水手九号还在火星表面发现了一条大裂缝，后来被命名为"水手大峡谷"。水手九号绕着火星飞行了近 1 年，发回了 7329 张照片，覆盖了这颗红色星球表面超过 80% 的部分。

☞ 美国水手九号是第一个成功环绕火星的探测器

☞ 水手九号拍摄的照片，火星笼罩在沙尘暴中

● 水手九号拍摄的火山的峰顶

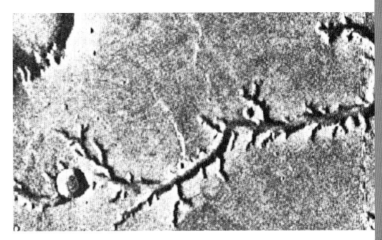

● 水手九号拍摄的水手大峡谷

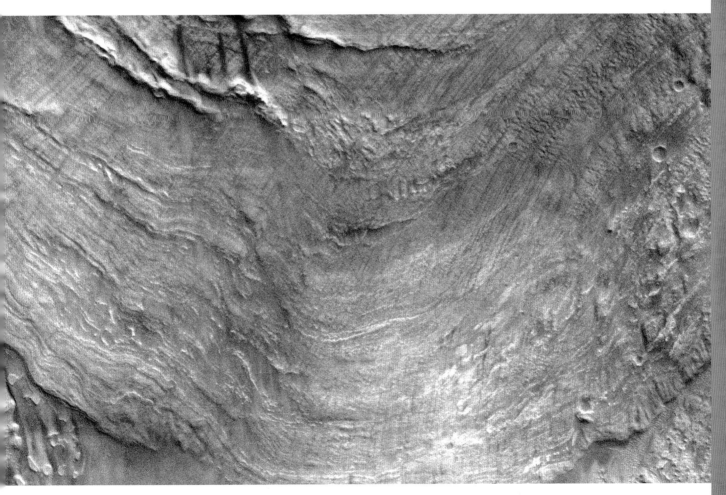

● 水手九号拍摄的火星表面

1971 年 12 月 3 日，苏联的火星 3 号成为第一个在火星表面着陆的探测器，但是它仅仅在火星上工作了大约 20 秒，甚至没能发回 1 张完整的照片。

人类真正获得从火星表面发回来的照片是在 4 年半之后，美国的两个探测器维京一号和维京二号于 1976 年先后抵达火星，并成功向火星释放了着陆器。维京号代表着长期探索火星的开始，每一个航天器都工作了多年并发回了大量信息。两个维京号轨道探测器与两个着陆器一共发回了 5 万多张照片。

然而，令人失望的是，它们都没有发现火星人的存在，甚至没有发现任何生命的痕迹。它们的探测结果一次次地给盛极一时的火星人主题科幻小说以沉重的打击。

🪐 维京一号和维京二号发回的照片，水手大峡谷中部

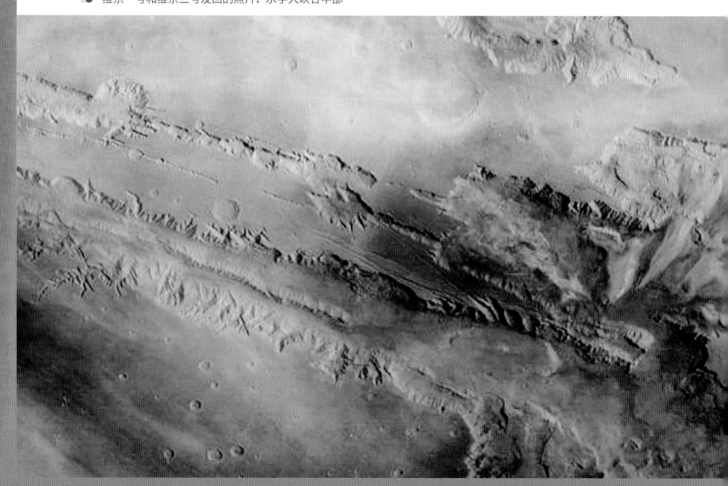

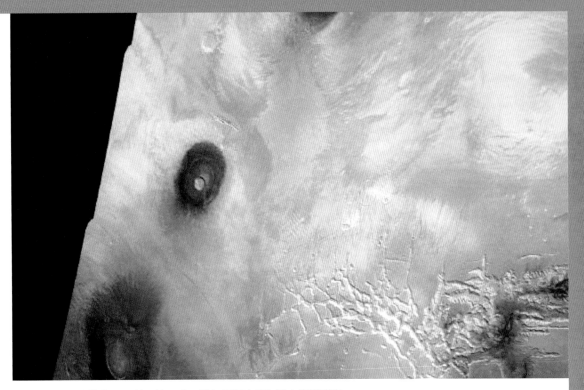

🪐 维京一号和维京二号发回的照片，塔尔西斯高原与诺克提斯迷宫

🪐 维京一号和维京二号发回的照片，奥林波斯山

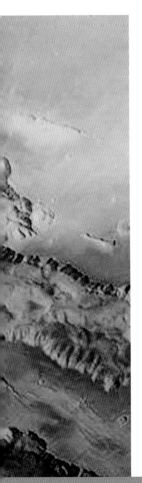
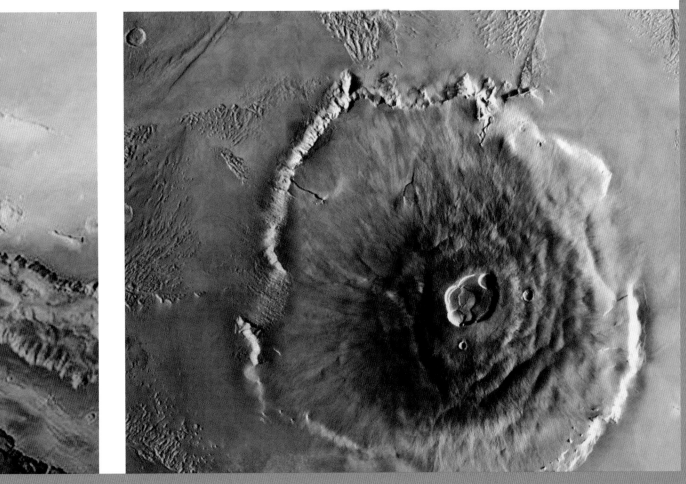

● 天问一号如何"导航"

　　2020 年 7 月 23 日 13 点 17 分，长征五号火箭完成使命，以正中靶心的成绩，将天问一号探测器送到地火转移轨道的入口，并赋予它超过 11.2 公里每秒的飞行速度。天问一号与"胖五"分离，向着漆黑的深空飞去。

　　探测器总重有 5 吨，这是人类历史上飞往火星吨位最大的探测器。前部的进入舱如同一个馒头，里面是着陆平台和火星车，后边是环绕器。在这条漫漫征途上，它要孤独地飞行近 7 个月，路程近 5 亿公里。

中国文昌航天发射场

☄ 长征五号送走天问一号

在地球上，别说 5 亿公里，去距离 5 公里的地方我们都会打开导航软件，而这 5 亿公里的太空之旅，探测器怎样才能沿着正确的道路前行呢？

要知道去火星既没有地图，也没有路标，探测器也没有里程表，怎么知道天问一号走到哪里了？天问一号又是依靠什么来为它导航呢？想象一下，在浩瀚的太空中，它只不过是一粒尘埃。

其实，从火箭起飞开始，测控系统就一刻不停地对天问一号进行跟踪测量，为它导航。依靠在全球多点设立的测控天线向探测器发出无线电信号，利用探测器的应答回复信息，我们可以测量出探测器距离地球有多远，也可以知道它飞行的相对速度。然而，只知道距离和速度是远远不够的，还要保证它飞行在正确的道路上。

● 测控系统为天问一号导航

你好！火星

🎤 刘宇　天问一号任务探测器系统副主任设计师

　　我们给天问一号装了很多双眼睛，让它知道自己在深空中是朝哪里飞行、是在什么位置，这样它才能知道自己下一步该怎么走。

　　对于探测器来说，首先要知道自己的姿态，自身姿态正确是保证行进方向正确的前提。

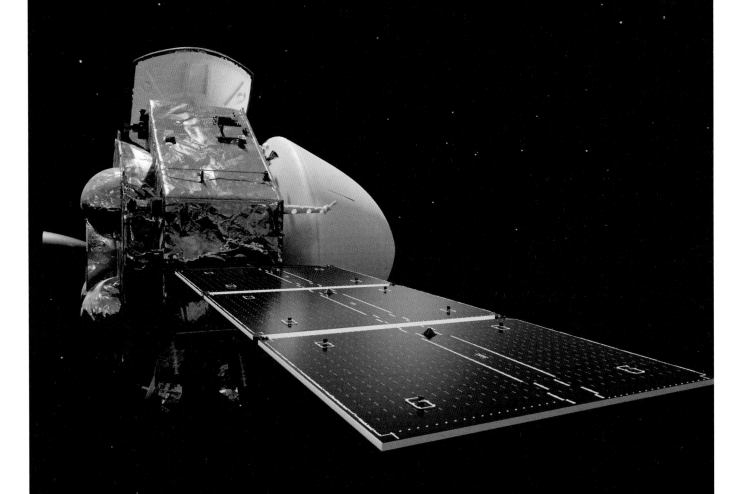

🪐 天问一号

🎙️ **吴宗清** 天问一号任务测控系统高级工程师

我们地球上的物体是靠南北磁极来确定南北方向的。 在太空中飞行的飞行器也有几种确定方向的方式，要么是按照太阳，要么是按照地球，还有的是按照固定的恒星。 飞得更远的话，就用更远的恒星做它的参照系，把这个恒星的指向作为三轴坐标的一个固定指向去定位。

在环绕器上安装了 4 台恒星敏感器，我们可以理解为这是 4 台指向不同方向的相机，每台相机都在拍摄自己对应的星空。 在从地球飞到火星的这段距离中，天球上每颗恒星的位置都是相对固定的，科学家为每台恒星敏感器带上了一组星图。 恒星敏感器通过拍摄恒星比对星图，帮助探测器确定姿态。

🪐 恒星敏感器

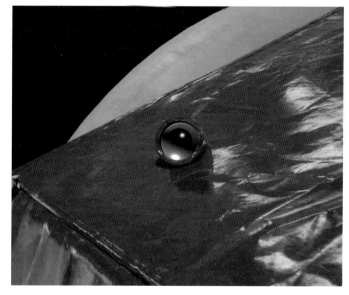

🪐 光学导航敏感器

本以为天问一号这段旅途会比较单调，不料仅仅出发 5 天它就给我们带来了惊喜。2020 年 7 月 28 日，天问一号在飞离地球 120 万公里处回望家园，给地球和月球拍了张合影。

　　在这幅黑白合影图像中，地球与月球一大一小，像两个弯弯的月牙，在茫茫宇宙中相互守望。照片发布的时候被特意横了过来，看！这像不像两个笑脸，送游子飞向远方。拍摄这张照片的相机是我国首次在航天器上使用的一款导航神器——光学导航敏感器。它是名副其实的千里眼，它的主业是拍摄火星，通过拍摄火星为探测器导航。

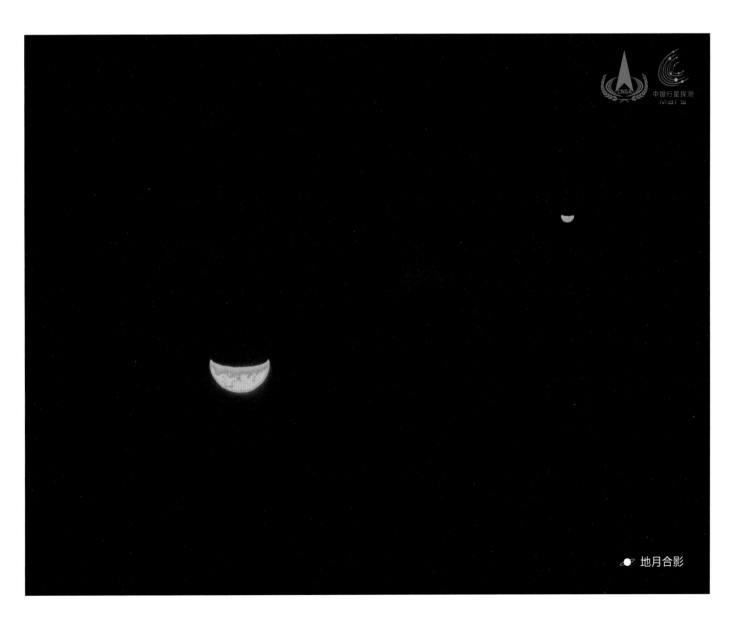

地月合影

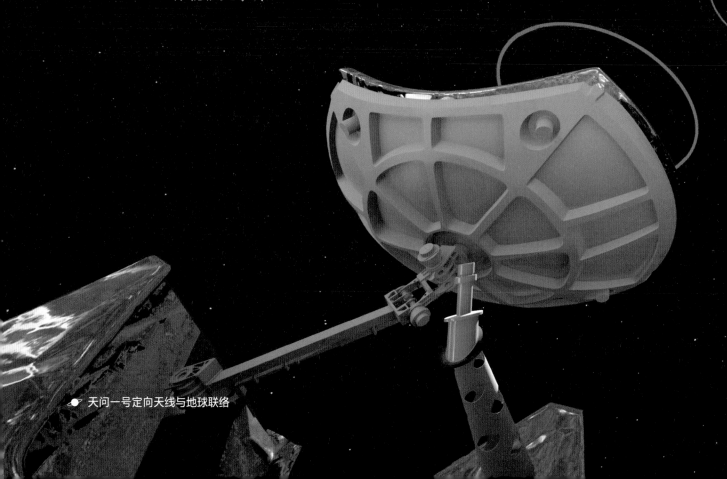

聂钦博　天问一号任务探测器系统主任设计师

　　在距离火星1000万公里到10万公里的这个区间内，我们会有一个让环绕器上的光学导航敏感器指向火星的需求，那个时候我们就时刻盯着火星。

　　既然是导航神器，光是盯着火星，让探测器锁定目标飞过去还不够，它还要告诉探测器距离火星有多远。

陈淑　天问一号任务探测器系统主任设计师

　　比如说在距离火星1000万公里的时候，它可能在我们的图像上成像，可能能成到20×20（像素）大小的一个光斑，其他恒星相对会小一些，可能只有3×3（像素）的光斑。然后再往近里飞，比如说到了10万公里的时候，那个火星目标就很大了。

天问一号定向天线与地球联络

张玉花　天问一号任务探测器系统副总指挥

　　光学导航敏感器根据拍摄的尺寸、像素等，来判断探测器与火星之间的距离、指向，这是一种新的不通过地面，而是通过探测器就可以自主导航的方式。

　　这种新的自主导航方式，在天问一号任务中是作为地面无线电导航的备份手段使用的，毕竟火星距离地球还是相对比较近的，今后在更遥远的深空探测任务中，光学导航敏感器有可能成为主力，因为随着距离的增加，无线电信号不仅会大幅衰减，而且会在太空中多飞一会儿。

　　天问一号上不仅有"千里眼"，还有"顺风耳"。探测器入轨后，环绕器上直径 2.5 米的定向天线展开，它要指向地球并跟地球保持联系，不仅要接收地面的测控指令，还要把各种火星探测的科学数据传回地球。

　　随着天问一号越飞越远，通信时延会越来越长，这为操控它提出了全新的挑战。

王民建　天问一号任务探测器系统主任设计师

　　最远的时候，我发一条指令到火星需要 22 分钟，同时还要看这条指令的回应时间。我发过去，需要 22 分钟，回来又需要 22 分钟，时延就是 44 分钟，但 40 多分钟后，很多事可能已经变得更复杂、更难处理了。

因此，针对地火之间距离远带来通信时延长的问题，设计师的解决办法是让天问一号更加聪明更加强大，让它具备更强的自主管理能力。在设计之初就把它可能遇到的问题做成一个个小模块，遇到麻烦时它能够自己发现问题，找到解决办法，这就好比诸葛军师给它带上了一堆锦囊妙计。

🎤 张旭光　天问一号任务探测器系统主任设计师

什么时候拿出来用，那要看天上是什么条件，或者地面判断说，你要用这个妙计了，我就先把它调好准备着，一旦条件到了我就用这个锦囊。所以，天问一号一些自主的控制，是我们提前想好的。

☛ 设计师为天问一号带上锦囊妙计

● 天问一号面临复杂的空间环境

　　天问一号飞向火星，这是一条中国人从未走过的路，在这一路上看不到什么太多的风景，却存在着复杂的空间环境。探测器出发后首先摆脱地球的引力，在脱离地球的引力影响球之后，它轨道的中心天体就会从地球换成太阳。等到接近火星的时候，它又从以太阳为中心天体变成了以火星为中心天体。

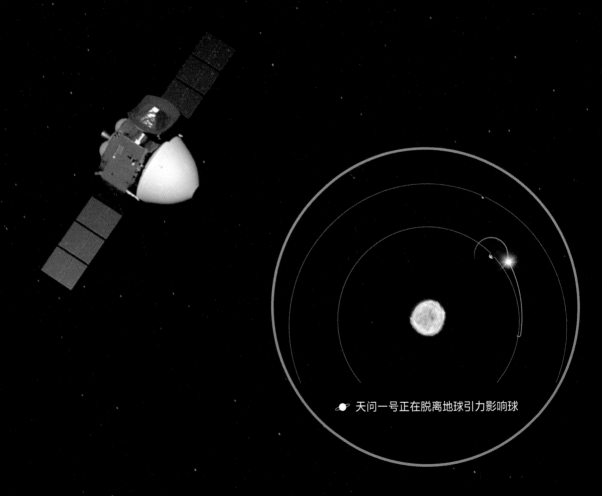

☞ 天问一号正在脱离地球引力影响球

☞ 天问一号飞向火星

耿言 　国家航天局探月与航天工程中心深空部部长

　　从理论上讲，我们会沿着这条弹道往前飞，但是工程上的事情，在实际实施的过程中不可能没有误差。随着时间的增加和距离的越来越远，这个误差会慢慢放大。

张玉花 　天问一号任务探测器系统副总指挥

　　轨道修正，就是要修正发射的偏差和轨道的扰动，造成扰动的因素其实比较多，其中一个就是太阳的光压。

光压，顾名思义就是光照射到物体上产生的压力。其实我们的身体每天都会受到光压，只不过同地球引力相比，光压对我们身体的作用显得微不足道。但是在太空中，光压的力量是肉眼可见的。当彗星从太阳旁边飞过时，它的尘埃与气体分子受到光压的作用，就形成了美丽壮观的彗尾。

👉 彗星飞过时的壮观彗尾

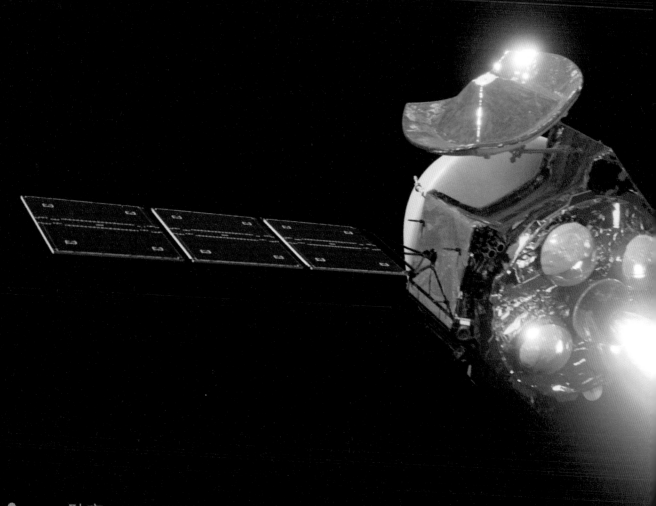

耿言　国家航天局探月与航天工程中心深空部部长

　　　　所以，修正就是到一定的时间就需要把轨道修一修，让它回归到我们设计的这个轨道上来。

　　在奔向火星的旅途中，天问一号要进行 4 次中途修正。而且每次修正，都用到不同的发动机。环绕器上安装了 8 台 120 牛和 12 台 25 牛发动机，还有 1 台 3000 牛主发动机。

🪐 天问一号点火后

耿言 国家航天局探月与航天工程中心深空部部长

我们让发动机上了天之后，都要让它开开机，看看它的状态是不是好，修正的时候让不同的发动机组合开机来做，这样标定一下它在轨工作的真正状态。

这就好像买了一辆新车，刚刚上路的时候我们得先试试一脚油踩下去车的反应如何。对于探测器的发动机来说，首次点火可以标定它在真空中的性能指标基准。而且，天问一号用的这款 3000 牛主发动机，还是头一次在太空中使用。

🪐 西安卫星测控中心佳木斯深空站的 66 米口径天线

🪐 西安卫星测控中心阿根廷深空站的 35 米口径天线

向天问一号发送指令的是地面测控天线。在地球上有 3 套天线负责与天问一号联络：佳木斯深空站的 66 米口径天线、喀什深空站 4 个 35 米天线组成的天线阵，还有南美洲巴塔哥尼亚高原上阿根廷深空站的 35 米天线。它们随着地球的自转，接力式地对天问一号进行跟踪与控制，轮流跟它聊天，而且这个天儿聊得还有些奇怪。

🪐 西安卫星测控中心喀什深空站在原有 35 米口径天线的基础上，新增加了 3 个 35 米口径天线，组成天线阵

吴宗清　天问一号任务测控系统高级工程师

　　随着距离越来越远，发出去的信号一直在路上，等到了目标的时候，这个目标已经飞离了。

姜思军　天问一号任务测控系统深空站测控技师

　　当我们有上行指令注入的时候，是朝着它前进方向 20 分钟左右的位置进行发射，这样当目标往前正常运行的时候，到达 20 分钟的那个点，它就能够正常收到咱们地面站发出的指令。

　　地面天线要说话的时候不能正对着探测器，需要有提前量，接收的时候又有个滞后量，那探测器是不是也要如此操作呢？其实不然。

地面指令发射路线示意图

天线口径越大，它发出的波束就越窄，能量也就越集中。天问一号上有大大小小好几套天线，直径 2.5 米的大天线波束最窄，宽度仅 1 度。在距离地球超过 100 万公里的时候，地球对于天问一号来说就是一个点。所以，探测器上的天线只要瞄准茫茫太空中的那个蓝色的点，地面天线就可以接收到探测器发回的信号。大天线的特点是发射功率高，通信质量好，码速率高。但是，当探测器需要调姿修正的时候，大天线就有可能对不上地球了。

王民建　天问一号任务探测器系统主任设计师

测控数传这部分，其实我们在探测器上配了很多天线，小天线是正负 50 度的波速，很容易把地球覆盖。但是，因为这个天线小，和地球通信的码速率其实是很低的。

不仅仅是传输码速率低，小天线的信号也更加微弱，穿越几百上千万公里，来到地面的信号细若游丝。

韩雷   天问一号任务测控系统深空站原站长

口径越大，接收能力越强。深空探测，目标越远，信号越弱。我们通过提高天线的口径，来提升我们接收微弱信号的能力。

这就好比用盆接雨水，盆越大接的水越多。随着天问一号逐渐远去，佳木斯深空站的 66 米大口径天线不断刷新着通信距离的纪录。然而"各村有各村的高招儿"，在西部边陲的戈壁滩上，喀什深空站的天线显得更加梦幻。

这里三面环山，远离城镇，荒无人烟，自然条件虽然艰苦，但是电磁环境十分理想。为了完成火星任务，2020 年，喀什深空站在原有 35 米口径天线基础上，又建了 3 座 35 米口径天线，每座天线高 40 米，重 950 吨。4 座天线组成天线阵，协同工作。

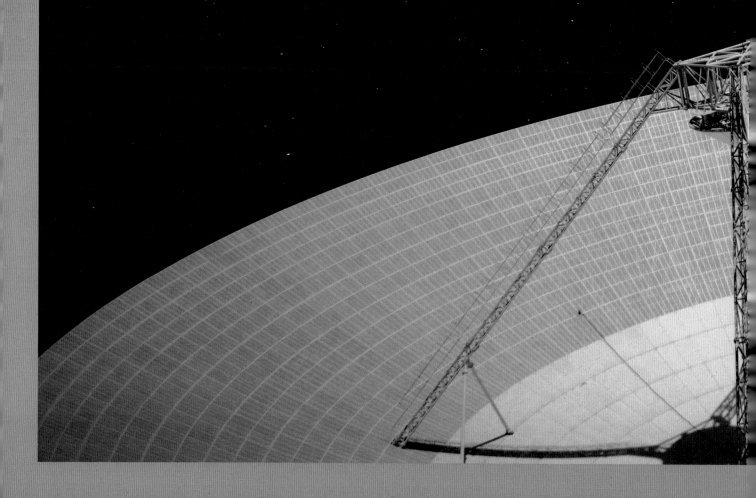

李四虎　天问一号任务测控系统测控站站长

深空探测系统 4 × 35 米天线阵系统，是通过扩大天线阵的接收效率，提高对超远距离、超长时延信号的接收能力。它的提升主要是提高了我们对下行信号的接收能力，使我们的信号接收能力达到了超过 4 亿公里的探测需求。

姜思军　天问一号任务测控系统深空站测控技师

天线组阵比起单天线运行，能够更好地提高信号接收的质量，包括探测器目前下传的一些图像、声音和视频，这样可以减少它的误码率，保证图像、声音和一些数据的质量。相比单套天线，天线组阵的接收质量能提高 3 到 4 倍。

天问一号为祖国生日送贺礼

2020 年国庆节前夕，此时天问一号距离地球 2410 万公里，它要为共和国 71 岁生日送来一份贺礼。地面发出指令，环绕器上突然弹出来 1 个小盒子，它翻滚着飞向远方。在小盒子的前后两个面上各有 1 个小相机，它们在翻滚中拍照。

🎙 **赵维宁** 天问一号任务探测器系统主任设计师

小相机的分离速度大概是 0.3 米每秒，有效成像距离为 1 到 20 米，所以算下来，有 1 分钟左右的成像时间。

就在这 1 分钟的时间里，相机除了不停地拍照，还通过 Wi-Fi（一种短距离高速无线数据传输技术）信号将照片传给环绕器。天问一号在太空中留下了靓丽的身影，环绕器面板上的五星红旗格外鲜艳。

环绕器两侧的太阳能帆板就像两只翅膀，总面积达到 14 平方米。由于火星到太阳的距离要比地球到太阳的距离远，所以光照强度要弱很多。天问一号飞往火星，太阳能帆板的发电能力会逐渐下降。

🎙 **韩志超** 天问一号任务探测器系统主任设计师

近火轨道的太阳光照强度是近地轨道的 1/3 左右，这样的话，就需要咱们把太阳翼尽可能地做得大一些。

在环绕器上还安装了太阳敏感器，它负责指引太阳能帆板始终朝向太阳，为探测器获取足够的能源。

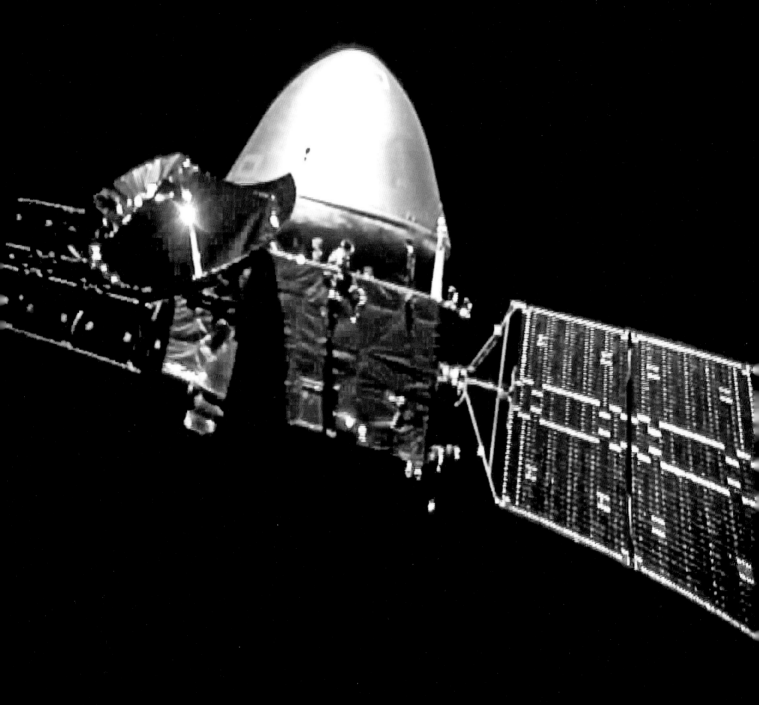

☜ 天问一号深空自拍照

• 孤寂的太空危机四伏

　　在天问一号飞往火星的途中，它不会遇到小行星、彗星这类小天体的撞击，然而看似孤寂的太空中却是暗藏凶险，危机四伏。高能宇宙射线就像幽灵一样，在太空中穿梭。控制探测器工作的星载计算机是由芯片、存储器组成的，运行由 0、1 组成的代码编写的程序。宇宙射线随时可能击中计算机元件。

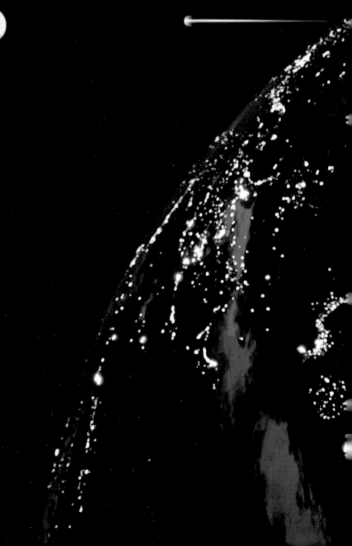

张玉花　天问一号任务探测器系统副总指挥

　　这种射线是拦不住的。它如果穿过计算机，一累积，就会让原来存储的1变成0，或者0变成1，发生翻转，这就是单粒子翻转。因为计算机是用二进制计数的，发生单粒子翻转的话，就不是这个程序了。

　　这样一来，就意味着一旦遭受宇宙射线的袭击，发生单粒子翻转事件，探测器上的计算机就有可能执行错误的程序。这还了得！

刘宇　天问一号任务探测器系统副主任设计师

　　比如像捕获制动这样关键的时刻，你一旦做出错误决定，就没有机会了。天问一号的"大脑"实际上有3个独立的计算单元和3块独立的存储区，相当于有3个人、3个大脑同时在做判断。当有1个大脑做出错误判断的时候，我们很容易通过三机表决选出大多数人的判断，这样就不太容易犯错误。

在天问一号飞行的几个月里，单粒子翻转事件发生了几百次，有时一天就出现十几次。正是有了一个"聪明"的头脑，天问一号自主决策，在遇到这些危害时都化险为夷。

🎙 张玉花　天问一号任务探测器系统副总指挥

我们总结下来，觉得最重要的就是设计正确、产品可靠，这样的话飞控也是比较省事的。如果老是要靠我们发现问题，解决问题再飞，那日子就没法过了。

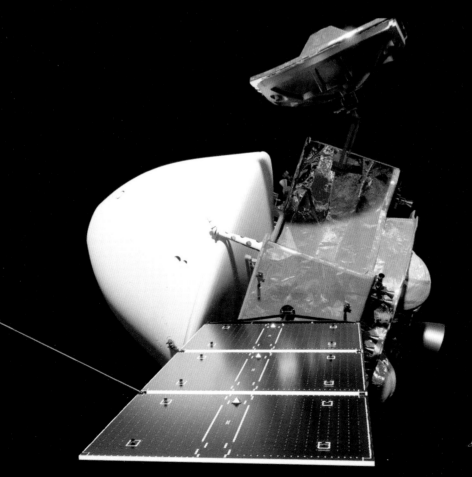

◐ 天问一号遭遇高能宇宙射线

天问一号传回首幅火星图片

时间跨入 2021 年这个具有特殊意义的年份。100 年前积贫积弱的中国，一群年轻人为了人民幸福和民族复兴在黑暗中求索前行。100 年后的今天，中国发生了翻天覆地的变化，中国首个行星探测器代表人类飞往另一个星球。

2021 年 2 月 4 日，天问一号传回首幅火星照片。这是一张黑白照片，由环绕器上的高分辨率相机获得，拍摄位置距离火星 220 万公里。几天之后，探测器将抵达火星，迎接它的将是一次关乎成败的大考。

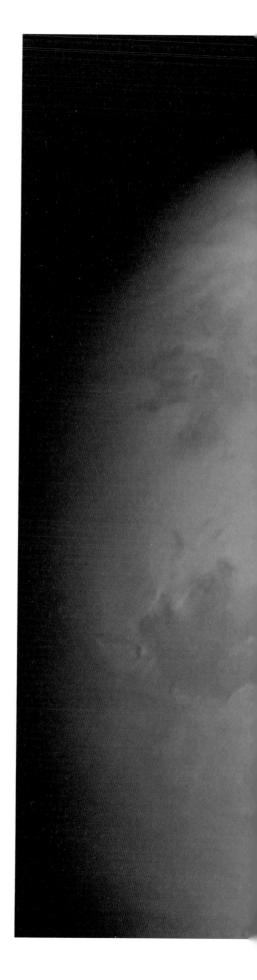

天问一号传回首幅火星照片，天问一号高分辨率面阵相机影像

🎙 **徐亮**　天问一号任务探测器系统副主任设计师

探测器一直在高速靠近火星，到火星附近后，我们需要踩一脚刹车。在我们整个火星探测任务中，有一个难点叫火星制动捕获，因为这需要我们进行精确的轨道计算，在一个非常恰当的近火点，全力反推发动机。

🎙 **朱新波**　天问一号任务环绕器分系统副总设计师

制动捕获的机会是唯一的，一旦有偏差，就可能造成我们的制动捕获失败，火星探测就会变成飞越火星，我们的探测器就会变成一颗太阳系的行星。

2月7日，天问一号距离火星还有60万公里，光学导航敏感器视野中的火星越来越大。探测器已经进入火星的引力影响球范围内了，受火星引力影响，它的速度越来越快。

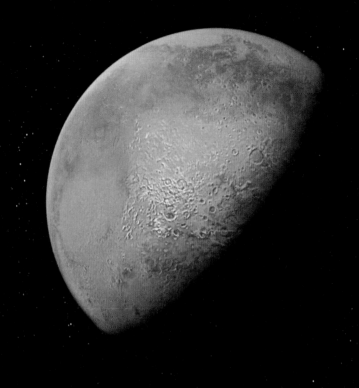

褚英志　　天问一号任务探测器系统副总设计师

　　火星跟地球非常相似，是太阳系中各种特征比较起来，最接近地球的一颗行星。所以，研究火星对比地球，可以判断我们地球的一些演变规律，对于地球上人类的生存和发展，是有帮助的。

火星可能曾与地球一样，是一颗蓝色的星球。或许有一天，火星会成为人类的又一个家园。带着人类对火星研究的执着，中国首次火星探测将一次完成"绕、着、巡"3个步骤，中国的科学研究承担起人类社会对浩瀚太空的探索责任。

到站了

● 失联下的点火制动刹车

2021 年 2 月 10 日，距离天问一号发射已经过去了 202 天。

经过 4.75 亿公里的跋涉，火星近在眼前。此时地球已经绕着太阳走过了大半圈，火星落在了后面，距离地球将近两亿公里。光线飞越这段距离需要 11 分钟。环绕器主发动机喷口朝前，即将点火制动刹车。

在北京航天飞行控制中心，航天专家们全神贯注地盯着环绕器的动向。根据遥测判断，环绕器推进剂沉底已开始。

按照设计，探测器在离火星高度约 400 公里的近火点实施点火制动，进入环火轨道。

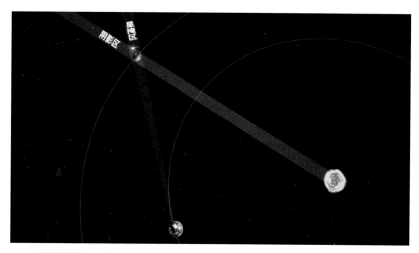

📡 探测器轨迹示意图

🎤 **聂钦博** 天问一号任务探测器系统主任设计师

当探测器真正踩刹车，就是发动机点火准备停下来绕火星的那一刻，也就是近火捕获制动的时候，很不巧，探测器与地球之间的联系被火星挡住了。

🎤 **张玉花** 天问一号任务探测器系统副总指挥

火星不仅挡了测控，还挡了阳光，所以，这次探测器近火捕获制动处于一个比较严酷的状态，没有通信，没有阳光，我们要等出了阴影区测控恢复。

🎤 **褚英志** 天问一号任务探测器系统副总设计师

这是一个非常关键的环节，也就是说，一旦实现不了捕获制动，我们的探测器就会变成一个绕太阳飞行的探测器。

这是决定成败的时刻。只有 1 次机会，在与地球失联的情况下，探测器要自己决定何时启动发动机制动减速，然后探测器还要自己决定何时关机，一旦出现问题还要自己应对。

天问一号 3000 牛主发动机点火后仅需半秒就能达到推力峰值，也就是说，瞬间就有一个 300 公斤的力打在探测器的身上。而太阳能帆板和大天线这些伸展出去的部件，很可能因为受到这么大的力遭受损伤。

🎤 **杜洋**　天问一号任务探测器系统副主任设计师

> 这类大部件在点火的那一瞬间，会产生一个冲力，我们要把太阳翼驱动到一个垂直的状态，就是在受到冲击的时候减少对脆弱部位的冲击。而定向天线，我们会把它低头低到一个位置。

为发动机提供燃料的是环绕器上的 4 个燃料储罐，每个储罐有 570 升，起飞前总共加注了 2479 公斤燃料。2021 年 2 月 10 日 19 点 52 分，主发动机点火。安装在太阳翼和天线根部的两个摄像头记录下了制动产生的晃动。发动机火力全开，喷口烧得通红，储罐中的燃料逐渐消耗。

🪐 主发动机点火

夕阳下，喀什深空站 4 个 35 米天线齐刷刷地指向天空，焦急地等待着两亿公里外天问一号的消息。这里接收到的信号会第一时间传到北京航天飞行控制中心。

🪐 西安卫星测控中心喀什深空站

095

点火 874 秒后发动机关机。此时探测器相对于火星的速度降到 4.7 公里每秒。天问一号火星探测器第一次近火制动控制正常结束。

北京时间 2021 年 2 月 10 日 20 点 07 分，天问一号成为人造火星卫星。

🎙 **张荣桥**　中国首次火星探测任务工程总设计师

通过我们目前掌握的轨控数据来看，今天的控制结果跟我们预先设计的非常吻合，所以我们下面一个重要的节点，就是 5 天之后的在远火点的轨道调整。

此刻，天问一号运行在环绕火星一圈需要 10 天的大椭圆轨道上，轨道平面与火星围绕太阳公转的轨道面一致，而对火星进行全球探测，需要探测器以跨越火星南北两极的极轨飞行。所以，当它飞到距离火星 18 万公里的地方要拐一个大弯。

📍 天问一号成为人造火星卫星示意图

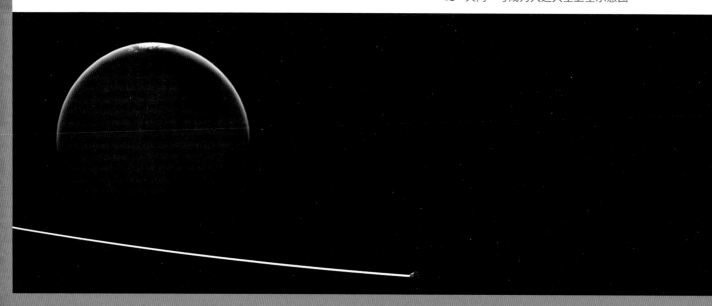

朱新波　天问一号任务环绕器分系统副总设计师

距离火星 18 万公里的地方是指远火点。在远火点进行调向，然后轨道的倾角会变成 86.7 度。

段建峰　天问一号任务测控系统工程师

因为远火机动的目标是调整轨道面，要把轨道面给拧过来。从燃料和控制难易度来考虑的话，在远火点处调向，是在速度最慢的时候，这是调轨道面最容易的时机。

2021 年 2 月 15 日，天问一号在远火点成功转弯。又过了几天，2 月 24 日，天问一号再次调整轨道，进入围绕火星两个火星日一圈的椭圆停泊轨道。近火点位于火星轨道内侧，距离火面 265 公里。在这条轨道上，它要工作将近 3 个月。

🪐 天问一号进入停泊轨道示意图

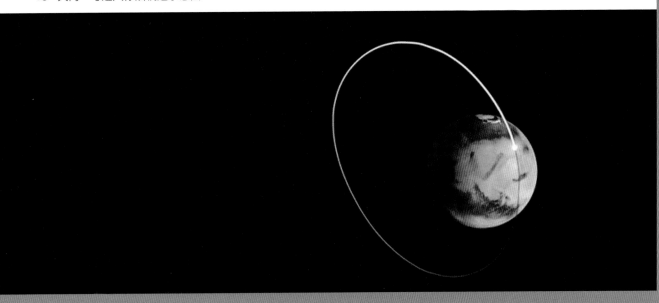

人类执着地研究火星

近 60 年来，人类通过一次次的探测任务，逐渐加深对火星的了解。

火星，比月球大一些但是比地球小很多，它的直径约是地球的一半，体积约是地球的 1/6，火星的引力约是地球的 38%。火星有稀薄的大气，成分以二氧化碳为主，密度约为地球大气的 1%。

在外貌上，火星与地球大相径庭。地球表面覆盖着大片海洋，是生机盎然的蓝色星球。火星上则是干旱荒芜的沙漠戈壁，富含氧化铁的土壤让火星成为一颗红色星球。

火星与地球还有很多相似之处。火星的自转轴也是倾斜的，赤道与公转轨道面的夹角与地球差不多，约为 25 度。这使得火星上也有四季更替。火星的自转周期与地球相近，这里的 1 天仅比地球多 37 分钟。地球有月亮相伴，火星有火卫一、火卫二两颗卫星绕其运行，只不过这两颗卫星体积都很小。

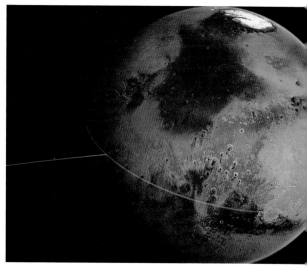

👉 火星的自转轴是倾斜的

👉 火星与地球

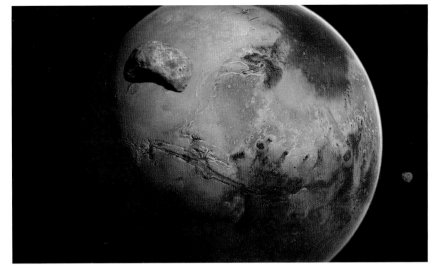

● 火星有自己的卫星火卫一、火卫二

奥林波斯山

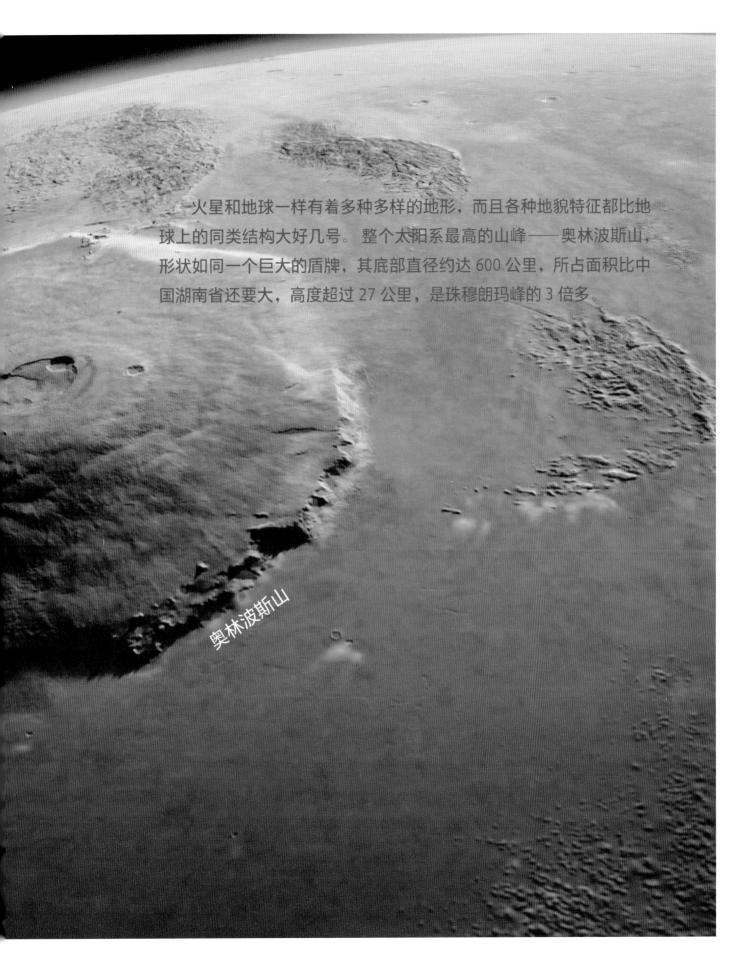

　　火星和地球一样有着多种多样的地形，而且各种地貌特征都比地球上的同类结构大好几号。整个太阳系最高的山峰——奥林波斯山，形状如同一个巨大的盾牌，其底部直径约达 600 公里，所占面积比中国湖南省还要大，高度超过 27 公里，是珠穆朗玛峰的 3 倍多。

奥林波斯山

火星上有太阳系中最长的峡谷——水手大峡谷，长度超过 4500 公里，相当于从我国东北的佳木斯到新疆喀什，而峡谷往下深约 8 公里。它是从空中看火星，最容易识别的地方。

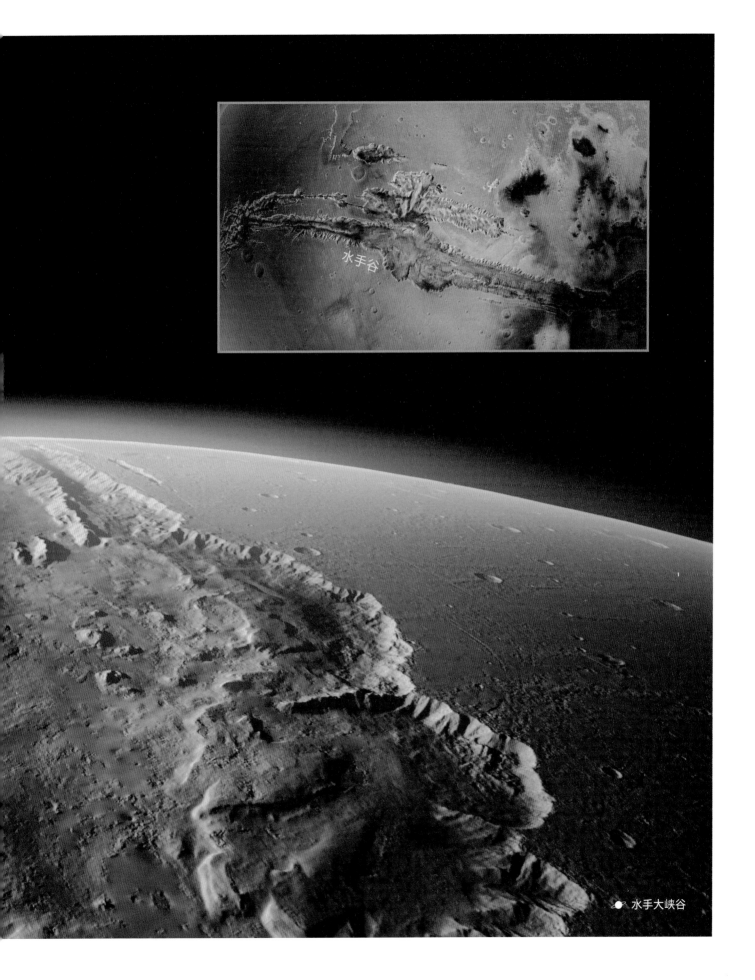

水手谷

水手大峡谷

火星的南北半球有明显的自然分界，赤道上雄踞着塔尔西斯高原和水手大峡谷，隔开了地貌截然不同的南北两个半球。北半球是广阔的平缓低地，它的面积约是亚洲、欧洲和大洋洲面积的总和；南半球则是遍布撞击坑的高地。火星北极比南极低了大约 6000 米。

☄ 火星图

火星是怎么形成的？这要从 46 亿年前太阳系形成初期说起。科学家推测，太阳形成后的 1 亿年中，形成太阳的剩余物质以星云样态形成一个围绕太阳的巨大圆盘，圆盘中的物质、颗粒逐渐汇聚吸积形成了行星。行星体积越大，所富含的能量就越高。行星的内部越往核心处，压力越大温度越高。物质在这里是炙热的流体，并且随着它们的流动产生了包裹在行星周围的磁场。

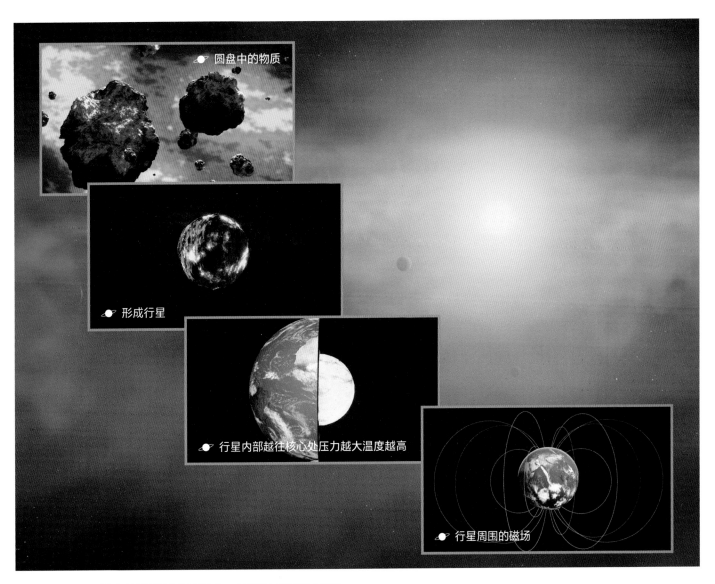

🪐 圆盘中的物质

🪐 形成行星

🪐 行星内部越往核心处压力越大温度越高

🪐 行星周围的磁场

🪐 形成太阳的剩余物质形成一个围绕太阳的巨大圆盘

如果把这种运动的流体比喻为一颗星球的"血液"，那么"血液"最后一次流动的时间就代表星球地质寿命结束的时间。地球至今依然有火山活动，而火星约在2亿年前停止了火山活动，成为一颗濒临死亡的星球。

🎙 **朱岩** 天问一号任务有效载荷分系统总设计师

主要原因是它慢慢冷却了。火星比地球的体积小很多，就像烤红薯一样，前期芯很热，大一点的红薯可能里面凉得就慢一些，小的就凉得快一些。

🌑 太阳风顺着磁力线移动并偏离方向示意图

🪐 极光

当星球内部的岩浆流体冷却凝固后，星球周围全球性的磁场随即消失。磁场相当于为星球戴上一层无形的保护罩，它可以抵御太阳风的带电粒子。

当太阳风以 800 公里每秒的速度袭来，它会被磁场控制，并顺着磁力线移动并偏离方向，或者随着磁力线砸向星球的两极，形成美丽的极光。

科学家推测，火星曾经也和地球一样，有大片的海洋和浓厚的大气。火星表面干涸的水系、湖泊和海洋盆地告诉我们，火星存在过液态水，可能也曾是一颗蓝色的星球。

🪐 火星可能曾是一颗蓝色的星球

👉 火星现在的样子

然而，当岩浆热运动停止，火星失去了磁场的保护，肆虐的太阳风会吹散大气层。失去大气层后，火星表面被阳光直接烘烤，很快海洋也蒸发散逸。火星"死"去之后，一切就变成了现在的样子。

截至 2023 年 12 月，人类已组织实施了 47 次火星探测任务，但成功率刚过一半。付出如此高昂的代价去探访一颗这样的星球，是为什么呢？

欧阳自远 中国科学院院士

人类为什么要执着地去探测火星呢？因为火星就是地球的姐妹，用地球的理论推测研究火星，可以更多地了解另一颗行星。我们是必然要走这一步的。

刘建军 天问一号任务地面应用系统总设计师

研究火星的演化，会对我们研究地球的未来的演化或走向起到一个启发式的作用，我觉得这是研究火星很重要的原因。通过研究火星，可以更好地理解地球的未来。

水手四号
1964年11月28日发射（UTC）

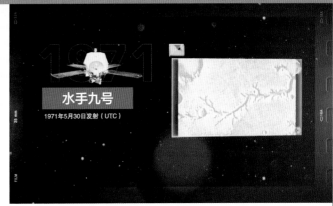

水手九号
1971年5月30日发射（UTC）

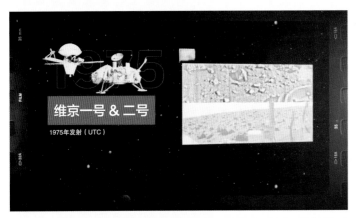

维京一号 ＆ 二号
1975年发射（UTC）

火星探路者号
1996年12月4日发射（UTC）

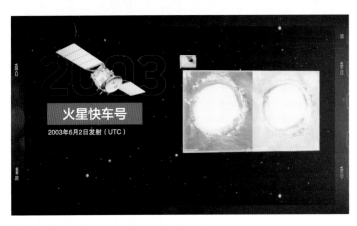

火星快车号
2003年6月2日发射（UTC）

洞察号火星探测器
2018年5月5日发射（UTC）

🪐 人类的火星探测任务（部分）

UTC：协调世界时，又称世界标准时间。

火星会不会是地球的未来？

火星会不会是地球的未来？地球会不会变成火星现在的样子？从太空视角俯瞰地球，人类本身就是一个命运共同体。半个多世纪以来，科学家们一次次地将探测器送往火星，通过对火星不断深入的探索，努力寻求答案。

太阳大约有 100 亿年的寿命，目前差不多已经过了 50 亿年，未来还有大约 50 亿年。太阳最主要的成分是氢，每秒钟大约有 6 亿吨氢聚变为氦，聚变反应让太阳不断损失质量，同时转化成巨大的能量释放出来，这个转化过程可以用爱因斯坦的质能方程式 $E=mc^2$（E 表示能量，m 代表质量，c 表示光速）来解释。据推算，太阳在约 50 亿年中已经损失的质量大约和木星的质量相当。

太阳核聚变会产生向外的压力，太阳自身的巨大质量会产生向内的引力。在太阳青壮年时期，这两种力处于相对平衡的状态，但这个平衡状态并不能永远保持。太阳在几十亿年间持续地进行着核聚变、释放热量、损失质量的过程。不断损失质量，使得向内引力不断下降，总有一天引力不足以承载核聚变产生的向外的压力，

人类一次次将探测器送往火星（毅力号火星车）

太阳的平衡状态将被打破，开始向外膨胀，成为一颗红巨星。有天文学家通过计算得出，大约 50 亿年后，直径越来越大的已成为红巨星的太阳，会膨胀到足以吞没水星、金星，甚至到达地球轨道附近，吞没地球。

问题来了，人类还可以在地球上生活多久？科学家推算，大概还有 20 亿年的时间！之后地球温度逐渐升高，就不再适合居住了。人类要是不想被太阳烤死，就要在此之前想办法离开地球，去另一个星球，或者带着地球去流浪，而火星可能会成为目的地之一。

以火星当前的状况来看，火星距离满足人类生存的条件还存在很大的差距。但是，人类有没有可能通过利用火星现有的资源改造火星，使其具备人类生存的基本条件？对此，很多人已经提出了方案。

有人提出，水是人类生存的必要条件，所以改造火星的第一步便是为火星带来水资源。这里我们可以从彗星入手！彗星由冰物质构成，而冰物质融化之后便是水。如果运用人类现在的科技，让一些比较小的彗星改变其轨道，撞击火星表面，这样便能够为火星带来水资源。如此反复，便可以让火星上拥有充足的水。

有人提出，引爆1万颗氢弹，把火星南北两极冰盖里的干冰气化，让浓密的二氧化碳大气层包裹火星，从而提升火星的大气压力，并形成温室效应，让火星表面升温。同时，还能熔融火星表面下蕴藏的地下水，使其涌出表面形成海洋。种植植被，在光合作用下将二氧化碳逐渐变成氧气……

还有人提出，在火星和太阳之间的拉格朗日点（平动点）L1（拉格朗日点的一个位置）上放置一个巨型磁场发生器，动力来源则是太阳能电池，启动后将在这里产生一个绵延近百万公里、直

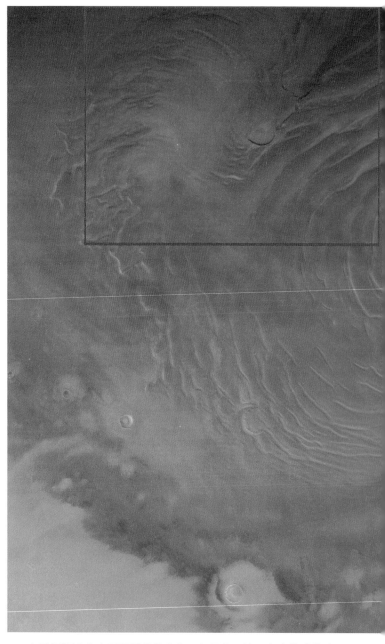

火星极地冰盖会呈现季节性变化，冬天由干冰、水冰构成的冰盖呈现出白茫茫的世界，夏天冰盖里的干冰在阳光的照射下，会从固态变成气态。天问一号拍摄的两张火星北极区域的图像，随着时间的变化，可见北极冰盖的形态也在变化。大图拍摄于2021年5月12日，此时正是火星北半球盛夏季节，北极处于极昼。小图拍摄于2021年12月28日，此时正值火星北半球秋天。

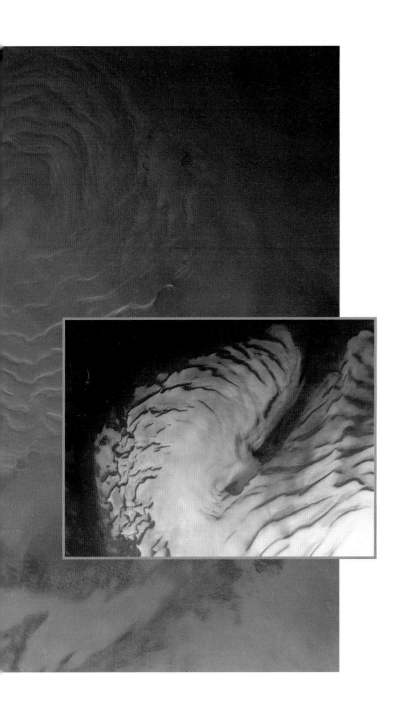

径上万公里的磁屏蔽区域。它将来自太阳的高能带电粒子偏转到远离火星的方向，保护火星不被太阳的高能粒子轰击，使得火星大气和表面生成的水不被强烈的太阳风吹跑。

因此，人类对火星进行科学探测，去了解它的前世今生，探查它的资源环境，有助于为人类后世永续发展提供线索，为人类移居火星的可能性寻找科学依据。

另一个方面，我们研究火星是为了判断火星为什么会变成这样，地球有没有可能在走与火星演化相同的道路，我们需不需要改变我们的生活模式，或者说需不需要尽早动手调整这条道路的方向，不要让地球步入火星的后尘，成为它现在的样子。所以，研究火星也是帮助人类了解地球、保护地球家园未雨绸缪的工作。

中国火星探测一次完成 3 个步骤

如今，中华民族完成了从站起来、富起来到强起来的历史转变，在世界舞台上具有重要地位，中国的科学研究也已经承担起人类社会对于浩瀚太空的探索责任。

与此前各国历次火星探测不同的是，中国首次火星探测是一次完成"绕、着、巡"3 个步骤。这是全球首次实现将这三大步骤集合在一次完成，难度可想而知。

西安卫星测控中心喀什深空站天线阵正在执行火星测控任务

🌑 中国承担起人类对浩瀚星空的探测责任

既然要着陆火星，就要先选一块地方。对于火星来说，中国的探测器还从来没有来过。

🎤 **王闯** 天问一号任务探测器系统主任设计师

选择着陆点，实际上受限于两个约束，一个是科学目标，另一个是工程情况，比如着陆区的光照、通信条件，着陆的高程，以及着陆面的坡度（是否平坦）等。

天问一号抵达火星的时候，火星北半球正好处于春夏之交，太阳逐渐直射在火星北回归线附近。火星车需要依靠太阳能发电，太阳照射角度越高发电条件越好。

其实，科学探索的目标一定要建立在技术可以实现的基础上，首先要保证降落的安全性，所以着陆点附近地势平坦是一个很重要的前提。

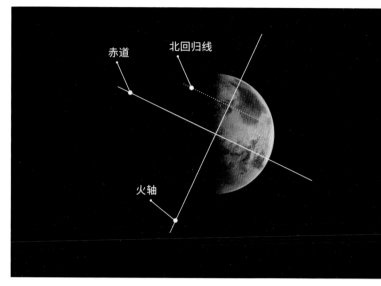

太阳照射角度越高，火星车发电条件越好

🎙 **李春来** 中国首次火星探测任务工程副总设计师

我们看火星的北半球基本上是很平坦的，除了有一个火山的高原，别的地方都是比较平坦的。平坦的地方过去会不会是一个沉积的盆地？如果是沉积的盆地的话，那就很可能有水，这么大的水体可能就是海洋。所以，这是一个假想，我们正在不断地寻找证据证明北半球过去可能是一个沉积的海洋。

🎙 **张荣桥** 中国首次火星探测任务工程总设计师

从科学探测的角度，对于着陆点，我们希望有更丰富的科学信息。我们最后选择的这个地方叫作乌托邦平原，着陆点在它的南部。

乌托邦平原是火星上最大的平原，直径约 3200 公里，面积约 800 万平方公里，19 世纪意大利天文学家斯基帕雷利为其命名。2016 年，美国国家航空航天局曾报告称，在乌托邦平原发现了大量地下水冰。

🎙 **杜洋**　天问一号任务探测器系统副主任设计师

在此之前，中国没有真正实现火星探测。我们现在的技术路径，就是在实现环绕之后，对我们要着陆的地方进行先期探测，获得一手的数据。我们知道我们要落的这个区域大概是什么样子，有什么地形地貌，或者说有无风沙，对着陆这件事情是否有很大的影响。

🪐 乌托邦平原

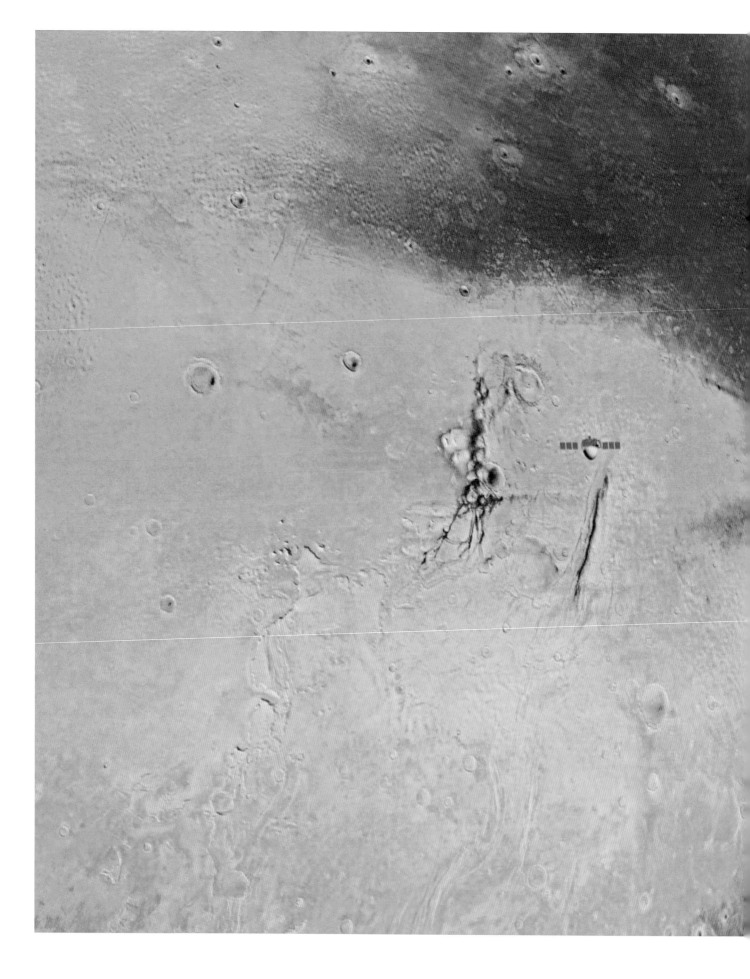

探测器拍照是常规工作

　　天问一号在进入环绕火星的停泊轨道之后，每隔两天时间，会飞到近火点，从北向南飞过预选着陆区上空。环绕器上的相机要对这里拍照。

● 天问一号飞过预选着陆区上空

自从人类首次探测火星开始，拍照就是一项常规工作，每次火星探测器都会拍摄大量的火星照片，而地球上的火星迷们，总喜欢在照片上寻找与地球能够联系在一起的奇特事物。这一切都始于 1976 年维京一号探测器拍摄的一张照片。人们惊讶地发现，照片上火星表面出现了一张人脸，这就是著名的"火星脸"。这张脸看上去有眼睛、鼻子和嘴巴。

　　火星上出现了人脸！一时间这一消息引发了无数猜想。有些人认为，这张脸便是火星智能生命存在的确凿证据。业余天文爱好者纷纷猜测，它是火星人在遥远的过去建造的。

　　尽管科学家指出"火星脸"纯属地形和光影巧合的产物，但还是有很多人坚信，这是火星古代文明留下的作品，并且乐此不疲地在接下来的几十年里，从火星探测器传回地球的照片中寻找新的证据，比如"火星笑脸""火星蜥蜴""火星女郎"等。

☄ 维京一号探测器

🪐 维京一号拍摄的"火星脸"

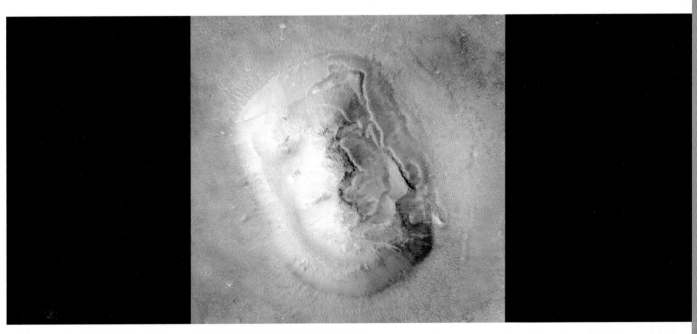

🪐 "火星脸"真相，2001 年美国火星勘测轨道器拍摄照片

"火星骨头"

💫 "火星骨头"

"火星蝌蚪"

💫 "火星蝌蚪"

"火星女郎"

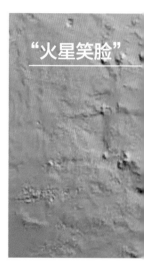

"火星笑脸"

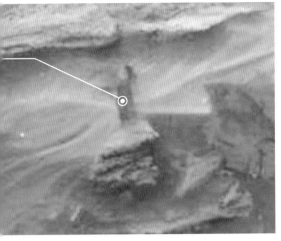

☄ "火星女郎"

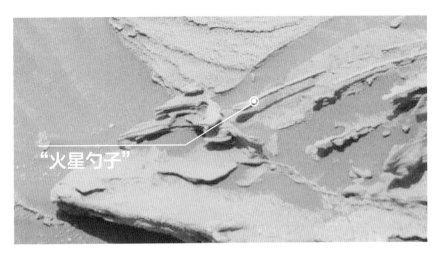

"火星勺子"

☄ "火星勺子"

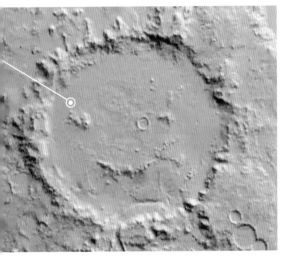

☄ "火星笑脸"

"火星珊瑚"

☄ "火星珊瑚"

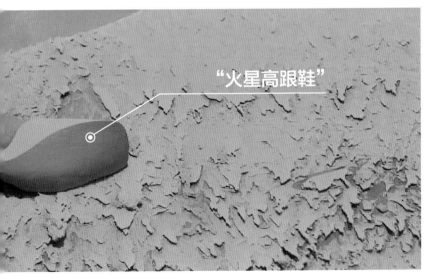

"火星高跟鞋"

☄ "火星高跟鞋"

"火星蜥蜴"

☄ "火星蜥蜴"

当人们在陌生世界中见到那些仿佛是我们生活中熟悉的事物时，总是乐于"脑补"出更加丰富多彩的信息。这似乎从另一个侧面反映出人类对于到火星旅行，甚至去生活的向往。

与维京一号火星探测器相比，天问一号环绕器上携带的相机要先进得多。它同时携带两个不同分辨率的相机配合工作。在拍摄距离相同的情况下，分辨率低的相机可以一次拍摄很大一片区域，而分辨率高的相机只能拍摄很小一片区域。

分辨率和覆盖率是探测器拍照永恒的矛盾。天问一号携带的中分辨率相机负责快速获得大视野内的整体情况，高分辨率相机专注于拍摄某一小块想要重点观测区域的细节。高分辨率相机对预选着陆点附近的火星表面扫描拍照，在 265 公里的高度，照片分辨率达到 0.5 米，成像能力居于世界先进水平。

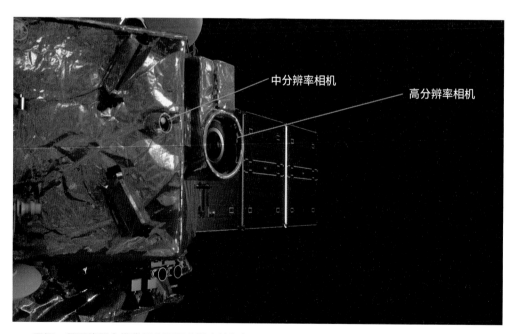

中分辨率相机　高分辨率相机

🌑 天问一号环绕器上携带两个不同分辨率的相机

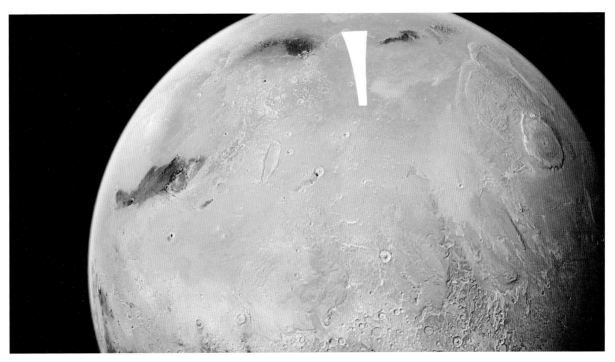

☞ 天问一号高分辨率相机拍摄演示

☞ 天问一号中分辨率相机拍摄演示

🪐 美杜莎福斯风雕地貌，欧空局火星快车高分影像

　　火星表面高分辨率照片可是一种稀缺资源，此前美国和欧空局的探测器虽然都拍摄过火星的高分辨率照片，但仅限于一小部分有探测需求的区域，对天问一号预选着陆区附近几乎没有覆盖。

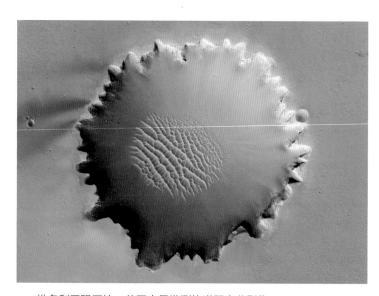

🪐 维多利亚陨石坑，美国火星勘测轨道器高分影像

2021 年 2 月 28 日，在中科院国家天文台深空探测地面应用系统运行控制中心里，大家焦急地等待天问一号传回第一幅着陆区的高分辨率照片。下午两点，照片被投射到大屏幕上。火星表面的撞击坑清晰可见，还可以看出大量地形地貌细节。有很多白色的波纹，仿佛水面的涟漪。高分辨率照片幅宽 9 公里，在接下来的两个多月的时间里，它要把着陆区一轨一轨地拍下来，地面专家再把它们拼接起来，就会形成预选着陆区的高精地图。

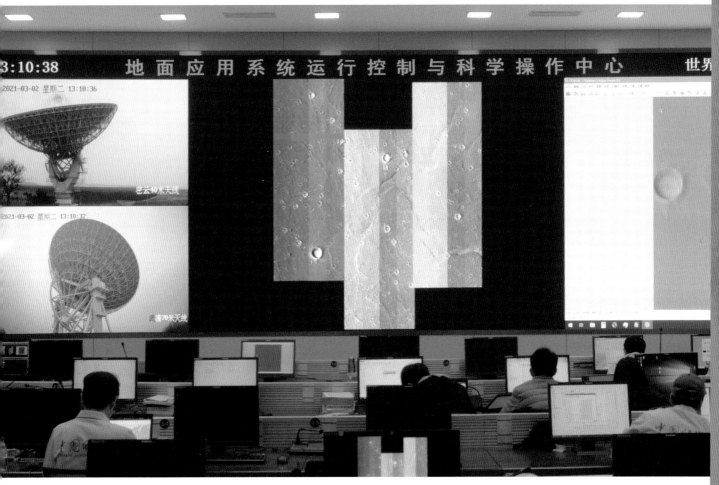

中科院国家天文台深空探测地面应用系统运行控制中心

第三章 到站了

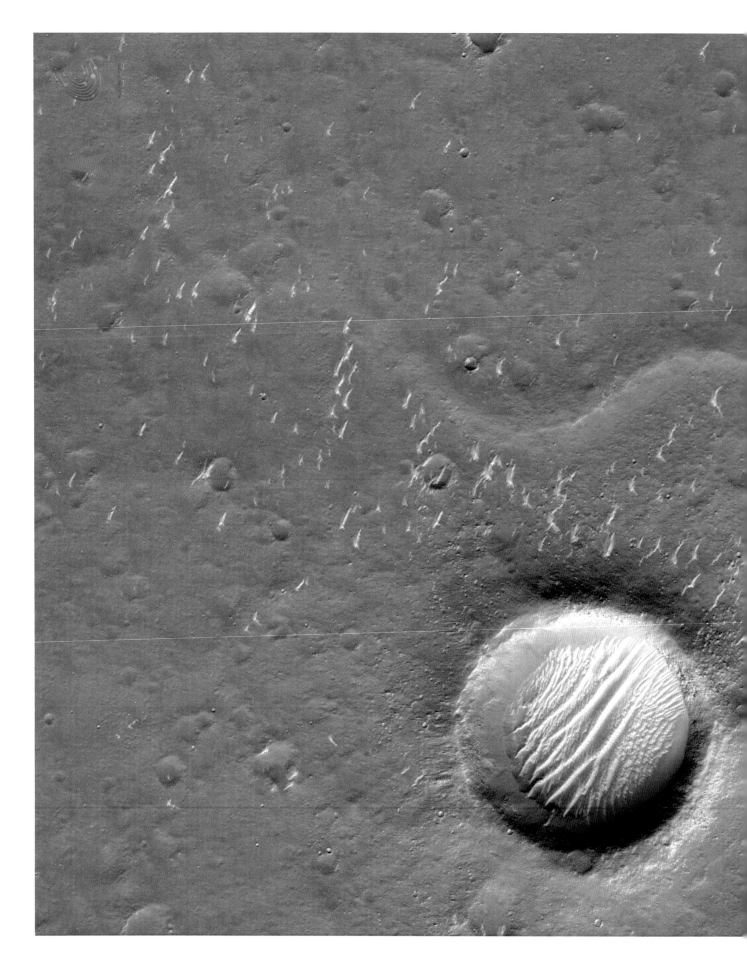

● 天问一号传回的第一幅着陆区高分辨率照片。此处为预选着陆点，因为有撞击坑，天问一号任务团队将后着陆点向西北方向调整

对着陆点进行气象观察

光有地图还不够，我们还需要知道此地的天气如何。

🎙 **贾阳** 天问一号任务探测器系统副总设计师

在这几个月的时间里，探测器其实要不断地对着陆点所谓的大气情况或者地貌情况进行观察。如果已经感知到这时处于一种全球沙尘天气的话，那我觉得着陆时间就得推迟。

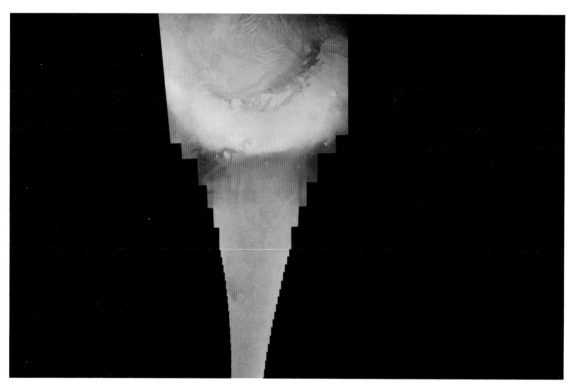

🪐 气象观察的任务由中分辨率相机完成

🪐 天问一号环绕器通过大天线把数据发往地球

    气象观察的任务由中分辨率相机完成，在它的视野里，火星表面范围要大很多，一张照片可以拍到 400 公里宽的区域。

    生活中我们都有这样的常识，照片越清晰尺寸越大，它所包含的数据量就越大，高分辨率相机一次拍摄的数据量就有上百个 GB（千兆字节），环绕器将数据压缩，打成一个个数据包，通过大天线发往地球。然而天线的发射功率有限，信号穿越上亿公里来到地球会变得极其微弱。

    当你担心别人听不清你讲话的时候，会不自觉地放慢语速，慢慢说。火星探测器也一样，为了能够让地面有效地接收数据，传输的码速率很低。当然，如果地面有接收能力超强的大天线就另当别论了。

2018 年 10 月，在天津武清的一块空地上，打桩机开始工作，105 根直径 1 米的桩要打到地下 65 米深处。中科院国家天文台在这里新建 1 副大口径天线。天线的基座上铺设了 1 圈钢轨，钢轨之上是轮轨式座架，天线的水平旋转就依靠它来实现。在座架上是 1 口直径 70 米的"大锅"。天线高 72 米，重约 2700 吨。主反射面由 1328 块高精度的面板组成，面积相当于 9 个篮球场大小。

🪐 中科院国家天文台在天津武清建设的亚洲最大天线

李春来　中国首次火星探测任务工程副总设计师

　　这个 70 米天线是亚洲目前最大的天线。天线的性能非常好，超出我们的设计和预期指标。这样，加上密云的两个天线，即 1 个 40 米天线、1 个 50 米天线，还有昆明的 1 个 40 米天线，合成就达到 103 米。

刘建军　天问一号任务地面应用系统总设计师

　　我们用现有的天线进行信号组阵，来提高我们的接收能力，最远达到 2.8 亿公里的时候我们还能实现 4 兆的数传码速率。

　　2021 年的春天，中国北方出现了 3 次沙尘暴。虽然火星的大气十分稀薄，但是火星上的沙尘暴比地球上的还要凶猛。突然爆发的沙尘暴，会将火星表面的尘土扬起几十公里高。

☄ 好奇号火星车拍摄影像

2018 年 5 月下旬，一场猛烈的沙尘暴席卷了整个火星的表面，沙尘几乎笼罩了整个火星上空，火星仿佛被巨大的沙尘吞噬，在地球上人类从没有看到过类似的现象。

⬤ 2018 年，火星仿佛被巨大的沙尘吞噬

⬤ 洞察号自拍影像

你好！火星

好在此刻，火星的乌托邦平原晴空万里。经过近 3 个月的持续观察，预选着陆区没有出现沙尘暴的迹象，对预选着陆区 0.7 米分辨率的高分成像也顺利完成。通过对着陆区影像图的观察，在计划落点周边发现了比较多的撞击坑。于是，着陆点向西北方向做出了调整。

这又是一次重大的挑战。整个着陆过程存在很多不确定性因素：降落时机是否正确？降落姿态是否合理？降落伞能否打开？下降途中会不会遭遇沙尘暴？着陆区域是否平坦？中国的首次火星探测任务就尝试着陆火星，谁也不敢保证一定能成功。

在此之前，全世界共有 19 个探测器进行过登陆火星的尝试，只有美国的探测器成功完成登陆火星，苏联和欧空局的几次尝试均以失败告终。

2021 年 5 月 15 日凌晨，北京航天飞行控制中心的控制室里，大家神情凝重。因为几个小时之后，天问一号探测器将实施环绕器与进入舱分离，进入舱飞入火星大气，并开启一段危险的旅程。

那将是令人窒息的 9 分钟。

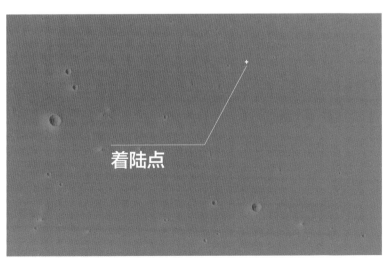

着陆点

☞ 天问一号预选着陆区没有沙尘暴迹象，由中分辨率相机拍摄

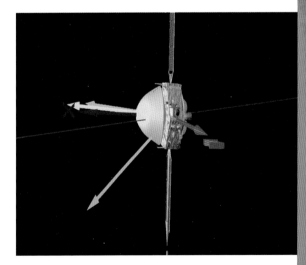

☞ 探测器制动减速前姿态模拟图

火星北极区域影像，由天问一号中分辨率相机于 2021 年 2 月 28 日拍摄，此时环绕器轨道高度约为 2000 公里

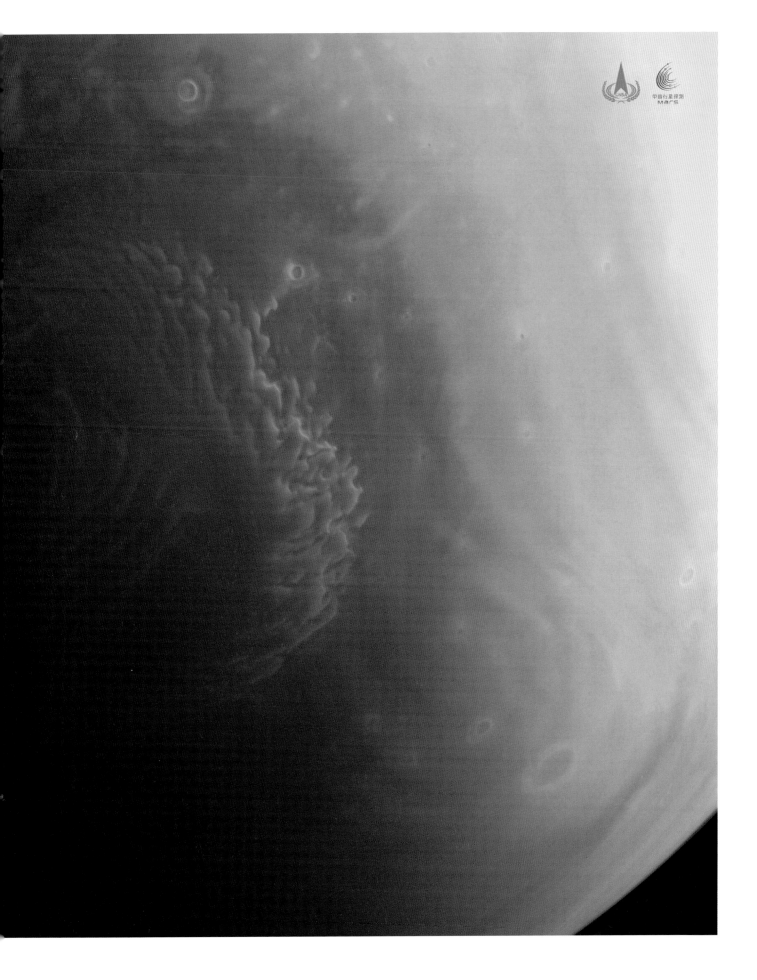

火星北半球上方的火星侧身影像，由天问一号中分辨率相机于 2021 年 3 月 18 日拍摄，此时环绕器轨道高度约为 1.15 万公里

火星南半球上方的火星侧身影像，由天问一号中分辨率相机于 2021 年 3 月 16 日拍摄，此时环绕器轨道高度约为 1.12 万公里

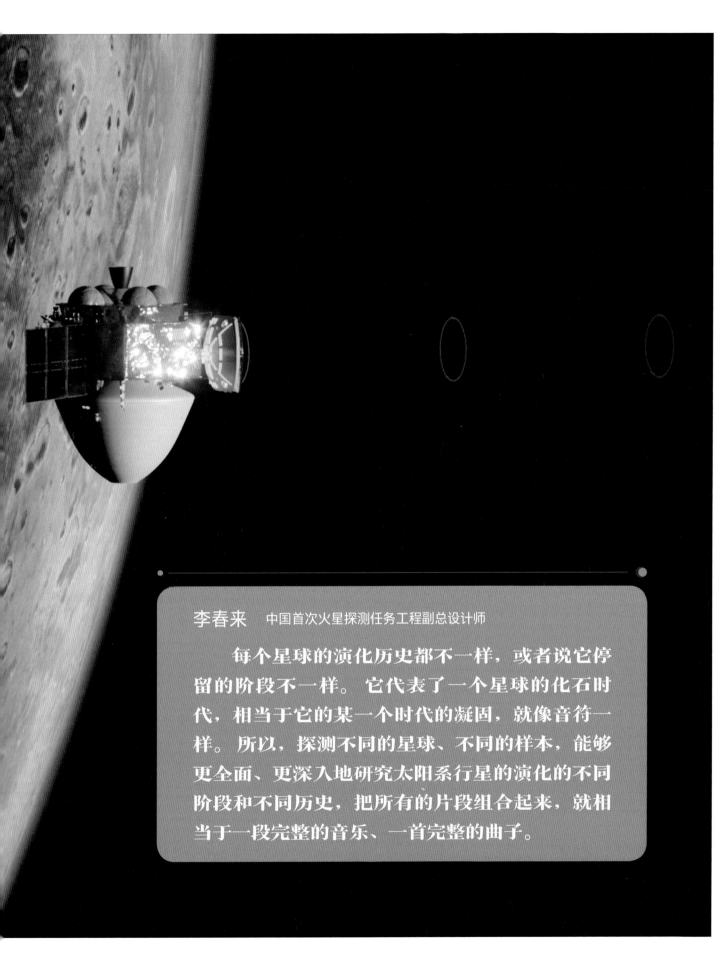

李春来　中国首次火星探测任务工程副总设计师

　　每个星球的演化历史都不一样，或者说它停留的阶段不一样。它代表了一个星球的化石时代，相当于它的某一个时代的凝固，就像音符一样。所以，探测不同的星球、不同的样本，能够更全面、更深入地研究太阳系行星的演化的不同阶段和不同历史，把所有的片段组合起来，就相当于一段完整的音乐、一首完整的曲子。

当恐怖的 9 分钟最终成为完美一落，当祝融号火星车在火星上慢慢行驶出 0.522 米，中国成为第二个实现火星巡视的国家。从此，火星车独闯天涯，为我们带来亿万公里外的风景。

第 四 章

落下去

踏足火星环顾四周，第一感觉是满目疮痍。整个行星表面布满了沙尘和石块，目力所及都是一片红褐色，和地球上最为干旱的一些戈壁沙漠倒是风貌相近。

火星表面的大气虽然稀薄，但是大气层的种种活动倒是一点儿也没打折扣，反而比地球上的还要猛烈。天空有时会是淡淡的橘粉色，因为微细尘埃被狂风和尘暴扬到了高空中。它们会飘浮很久，让天空染上自己的颜色。这里日落时的景象与地球不同，因为阳光里红色的部分在通过大气的时候被散射掉了，来到你眼中的阳光里蓝光的比例会增大，所以夕阳看起来会让人感觉到一丝寒意。

确实，火星很冷。它离太阳本来就比地球远得多。虽然在夏季，火星低纬度地区气温能够达到舒适的 20 摄氏度左右，但是这颗行星的年平均温度约为零下 57 摄氏度，最低温度可以达到零下 132 摄氏度，还是非常寒冷的。

🪐 火星景象图

🪐 夕阳下的火星景象图

148

● 夏普山附近，好奇号 2014 年拍摄

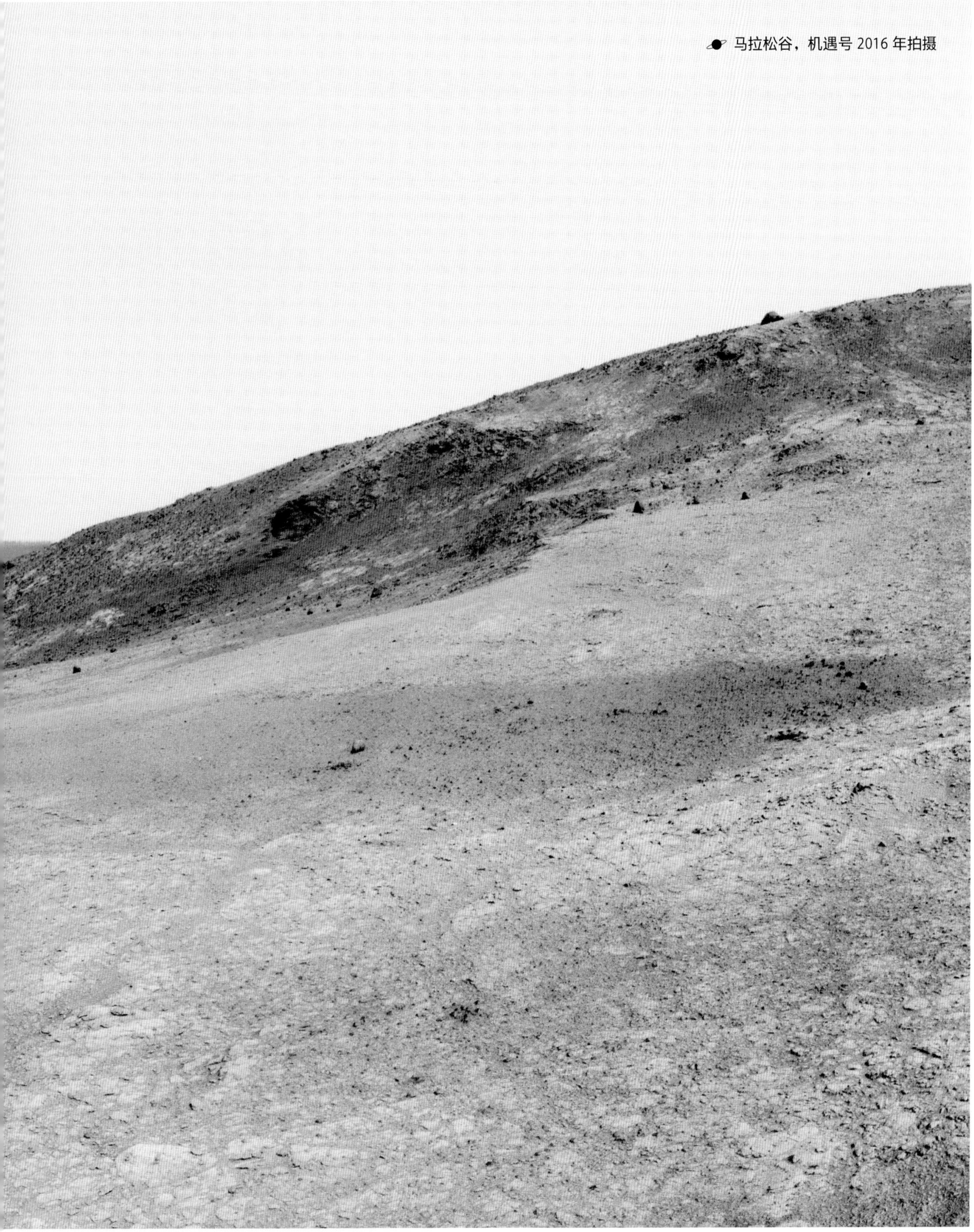

马拉松谷，机遇号 2016 年拍摄

验证实验反复进行

2021 年 4 月 2 日，春寒料峭的北京，在中国空间技术研究院的大型实验室里，虽然距离中国探测器首次着陆火星的日子越来越近了，但围绕降落、着陆等一系列关键动作的验证实验，还在反复进行。

在进入舱降落过程中，依靠降落伞减速是其中重要的一个环节。

张荣桥 中国首次火星探测任务工程总设计师

它难在哪儿呢？第一是超音速开伞，要在大约 450 米每秒的速度下开伞。

在如此快的速度下，降落伞打开的瞬间会产生巨大的制动力，相当于进入舱被猛地拽了一下。而这个制动力很大，能达到 10 吨以上。

不仅力量大，开伞后进入舱还会发生剧烈的抖动和旋转，产生大范围的运动，这有可能导致着陆器错误判断自身状态。欧空局的火星探测器就曾经因为这个原因使得任务失败。

黄翔宇 天问一号任务探测器系统主任设计师

欧空局的火星着陆器失败就是发生在惯性测量单元。在最后的开伞阶段，大动态负荷造成陀螺饱和，进而引起高度测量产生了负高度，然后发动机提前关机，导致任务失败。

☄ 围绕探测器着陆火星的验证实验正在进行

☄ 惯性导航测量单元旋转实验

第四章　落下去

惯性测量单元包括陀螺仪和加速度计，这么高大上的东西其实在我们的智能手机里面也有。你每天走了多少步？上了几层楼？都是手机里的惯性测量单元帮你感知统计的。然而瞬间超大的动态负荷有可能造成陀螺仪失灵，说白了就是把精密仪器给晃悠晕了。

　　这项模拟实验就是验证开伞后进入舱的传感器是否可以承受剧烈的旋转和抖动。

　　在实验场的另一侧，一整面墙都是一个大沙盘，沙盘表面颜色、反照率以及粗糙程度都是根据火星表面模拟出来的。

何健 天问一号任务制导导航控制分系统指挥

实际上我们是把火面转了 90 度，后面有个架子可以横向、纵向移动，同时轴还可以侧向转动。就是模拟一个火星着陆器。降落伞一开伞它可能会晃，会往左或往右偏。那么我们就把它看成一个着陆器，这个架子上会安排各种敏感器，比如相机、加速度计、计算机、陀螺，还有一些相关的雷达。敏感器会采集信息并给到计算机，然后我们就看这些敏感器和软件的计算能力是不是真正达到了能够让着陆器找到一块平地，落到安全区。

通过一次次的模拟实验，技术团队为安全降落策略的算法迭代积累下大量数据。虽然探测器已经发射，但是它的软件可以不断更新。

耿言 国家航天局探月与航天工程中心深空部部长

探测器不到火星，设计完善不停止。每天我们都关注着它在天上的实际运行状态，然后看看有没有我们之前没有想到的问题，新的状态就有可能产生新的问题，所以要不断地完善。

在另一个实验场中，1 比 1 验证车正在下降坡道上模拟驶离着陆平台。

由于平台降落后可能会产生一定倾斜，如果遇到极端倾斜的情况，火星车走下去会非常惊险，所以要模拟各种角度，看看火星车能不能顺利走下来。

贾阳　天问一号任务探测器系统副总设计师

最担心的一件事是着陆后车体的姿态。如果超出我们的预期，比如出现特别大的倾斜，我们接下来的工作就比较困难了。

👉 验证车正在模拟驶离着陆平台

● 令人恐怖的 9 分钟

2021 年 5 月 15 日凌晨，北京航天飞行控制中心控制室里一片宁静。每个人都紧盯数据屏幕，火星探测的重头戏，令人窒息的落火程序即将启动。

"长城报告，根据当前遥测判断，探测器两器分离姿态建立正常。"

此刻，探测器的姿态已经调整到环绕器主发动机喷口朝前。

0 点 50 分，位于巴塔哥尼亚荒漠高原的西安卫星测控中心阿根廷深空站向天问一号发送指令，天问一号减速降低轨道。18 分钟后，3000 牛发动机点火，探测器进入一条撞向火星表面的飞行弹道。

北京航天飞行控制中心

 西安卫星测控中心阿根廷深空站向天问一号发送指令

🎙 **朱庆华** 天问一号任务探测器系统副总设计师

环绕器发动机冲前减速，减速完了之后旋转 90 度侧向建立分离姿态。

旋转 90 度就意味着环绕器与进入舱并不是沿着飞行方向进行分离，而是侧过身来。这是为什么呢？

🎙 **孙泽洲** 天问一号任务探测器系统总设计师

为什么要侧向分离呢：是为了减少分离之后初始速度的误差。

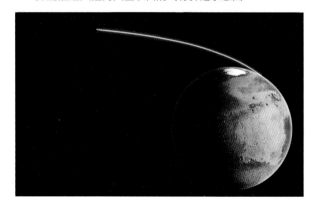 探测器进入撞向火星表面的飞行弹道示意图

4 点 20 分，连接环绕器与进入舱的电缆脱落，接着在进入舱下面的 4 个螺栓起爆，分离弹簧将两器推开。

 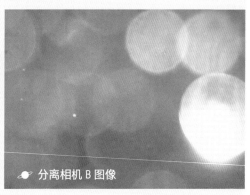

🪐 环绕器固连 C 相机图像　　🪐 分离相机 B 图像

🪐 进入舱与环绕器分离图像

🎙 **聂钦博**　天问一号任务探测器系统主任设计师

　　　天问一号两器分离的时候，相对速度是 0.5 米每秒。我们在中间做了一段时间的飘飞。

此刻，环绕器和进入舱以超过 1.8 万公里的时速撞向火星，但是它们什么都不能做。因为两器距离太近了，一旦启动调姿发动机，喷出的气流就有可能对彼此的飞行姿态产生干扰。

大约 10 分钟后，环绕器再次转身 90 度，将发动机朝后。环绕器与进入舱依依惜别，然后 4 台 120 牛发动机启动，抬升高度，逃离撞击弹道。从这一刻起，环绕器又开启了一项新功能，成为着陆平台与火星车的通信中继星。

"根据遥测判断，着陆巡视器已转入进入准备模式。"

此时，重达 1285 公斤的进入舱已经没有了回头路。通过背罩上的调姿喷孔，进入舱摆好姿势，将直径 3.4 米的钝头大底朝前，在距离火星 125 公里左右高度进入大气。火星的大气虽然稀薄，但是仍会有阻力。

这将是一段恐怖的旅程，时间为 9 分钟。在此前人类探索火星的历程中，这个阶段的成功率不到一半。

🪐 进入舱开始恐怖的旅程

🪐 环绕器与进入舱依依惜别

赵宇　天问一号任务探测器系统主任设计师

　　进入舱进入火星大气之后，如果姿态控制不好的话，它就会调头。咱们现在进去的时候，是以钝头体的姿态进入，就是有大的迎风面积。如果不控制姿态，它万一翻了，尖头体朝前，那就成导弹了，那就一头砸下来了。

☄ 进入舱降落

进入舱飞入大气层的角度也很有讲究，飞行姿态有点儿像昂起船头在水面飞驰的快艇。进入舱的几何轴线和它的飞行弹道之间形成一个负 11 度左右的夹角，专业名词叫攻角。这使得进入舱在受到大气阻力的同时还存在一定向上的升力，而且随着速度降低，调姿发动机还可以控制进入舱，不断调整倾角，保持升力控制，目的就是把大气的利用效率达到最高。

🎙 **杨昌昊**　天问一号任务探测器系统设计师

从距离火面 120 多公里到 20 公里，这一段我们是气动减速的过程。90% 的动能应该是靠气动减速来实现的。大底部位的最高温度能达到 1200 到 1400 摄氏度。

进入大气 3 分 55 秒，进入舱降到距离火面将近 16 公里，此时它的速度在 650 米每秒左右。声音在火星大气中的传播速度大约是 230 米每秒，所以进入舱一直是以超声速飞行。然而当高速飞行的物体在跨越声速的时候，会产生强烈的振动，这对进入舱保持正确姿态形成了巨大挑战。所以，就要在跨越声速之前，在超声速段就打开降落伞。

🎙 **赵宇**　天问一号任务探测器系统主任设计师

最大的风险点应该是在开伞前后，就是如何保证降落伞的正常打开、正常减速。

降落伞的迎风面是中心对称的圆形，当气流对称时抛出的伞包可以顺利打开，但是如果气流不对称，降落伞就会因为受力不均偏离拉直方向，影响降落伞正常打开。以往历次火星登陆任务失败大多数都是败在开伞段。

🎤 **孙泽洲** 天问一号任务探测器系统总设计师

　　进入要有个攻角，要通过对于倾侧角的调整来产生升力。但我们真正开伞的时候，又希望整个几何的轴线与气流的速度方向一致，就是所谓的攻角回零。这样一来，气流的对称性对于开伞是有利的。

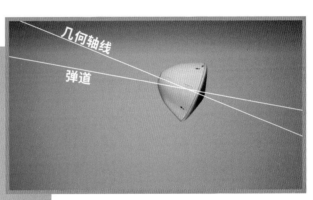

🪐 进入舱飞入大气层时，其几何轴线与飞行弹道之间会有一个负 11 度的攻角

🪐 开伞示意图

🪐 开伞时，攻角回零是最有利的

美国探测器解决攻角配平的时候会抛掉一块150公斤左右的配重，但是对于航天发射来说，这要花费巨大的发射成本，每多1公斤就会多花8000到10000美元。更重要的是，对于天问一号来说，150公斤的重量资源太过宝贵，首次探访火星的中国探测器会如何解决这个问题呢？

突然间，背罩上部弹出了一个长方形的小窗。这是配平翼，是中国航天人的创新发明。配平翼通过改变气动布局，利用大气阻力达到配平的效果，这体现出在航天器设计上的中国智慧，而且中国的配平翼系统重量仅有15公斤。

配平翼

171

大约 40 秒后，进入舱顶部弹出伞包，瞬间降落伞打开。20 秒后大底抛开，着陆平台的底部暴露在空中，通过降落相机画面我们能够感受到幅度比较大的晃动。此时，测速测距雷达打开，为着陆提供导航信息。

　　2 分 20 秒后，速度已经降到 90 米每秒，着陆器姿态趋于稳定，距离火星表面还剩最后的 1.5 公里。着陆器抛掉背罩和降落伞，同时打开主发动机，向下喷火，动力减速开始。

☄ 进入舱顶部弹出伞包，开伞监视相机图像

☄ 降落伞开伞，开伞监视相机图像

🪐 降落伞减速

🪐 动力减速

🪐 悬停成像避障

🪐 着陆器逼近火星

🎙 **赵宇** 天问一号任务探测器系统主任设计师

整个 EDL（进入、降落、着陆）过程咱就跟看历史剧一样，是没法干预的。

因为此刻，光从地球到火星还需要走 17 分 42 秒，在控制室里的人看到的，都是 17 分 42 秒前的状态。

🎙 **赵宇** 天问一号任务探测器系统主任设计师

跟送孩子上考场一样，大人在考场外面等着，就只能盼着孩子考好成绩了。

接下来的操作似曾相识，因为天问一号继承了嫦娥落月的武功，着陆器通过一系列悬停、避障等控制动作，逐渐逼近火星。

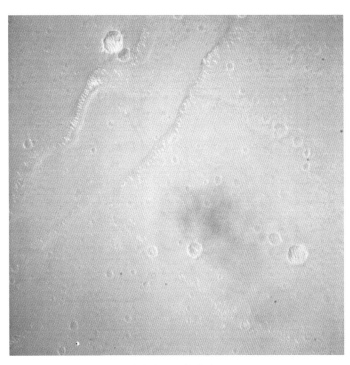

🪐 降落相机图像，左下角为抛落中的大底

"站着！站着！"

"长城报告，着陆巡视器依次完成悬停成像、避障机动、缓速下降，现已转入无控模式。"

"根据遥测判断，着陆巡视器转入无控模式。"

北京时间 2021 年 5 月 15 日 7 点 18 分，中国探测器成功着陆在火星北半球乌托邦平原南部。

北京航天飞行控制中心控制室里爆发出热烈的掌声，大家难掩内心的激动，拥抱在一起。

可以说这是完美的一落，因为着陆平台自己选择的这块地儿实在是太平坦了。平台仅有 0.3 度倾斜，火星车可以舒舒服服地走到火面。

孙泽洲　天问一号任务探测器系统总设计师

　　大家别觉得着陆之前你们说风险很多，着陆之后却很成功，看来就是自己吓唬自己。其实不是自己吓唬自己，各种客观因素就在那里。但是，你准备得充分了，你健壮了，你适应这种风险的能力就强了，你成功的概率就大。其实我们所做的工作就是把这种不确定性对系统的影响降到最小。

中国探测器成功着陆火星

● 祝融号火星车登场

　　降落 6 分钟后，火星车竖起桅杆。它叫祝融号，身高 1.85 米，体重 240 公斤，有 6 个轮子。在桅杆顶部有一对导航地形相机，相机中间是车标，一方中国印章，内容是一个篆书的"火"字，来源于一方收藏于故宫的宋代官印。降落 12 分钟后，坡道机构展开。

火星车车标

导航地形相机

🪐 祝融号火星车登场

随后，太阳能板依次展开，火星车宛如一只闪亮的蝴蝶。之后藏在身后的白色天线顺利展开，车体和车轮与平台解锁。在着陆后的 1 个小时内，火星车按照程序自己完成了一系列动作。1 小时零 1 分，着陆平台上国旗展开。

☛ 落火状态监视相机 A 图像，火星车桅杆展开状态

☛ 落火状态监视相机 B 拍摄火星车 X 频段天线展开状态

此时，环绕器已经飞到火星南半球上空，火星车需要等待夜晚的来临。

🎙 **于天一** 天问一号任务测控系统遥操作总师

我倒是觉得火星车在某种程度上也算是个"夜猫子"。它不仅要在白天工作，晚上在后半夜的时候，大概凌晨两三点钟的时候，它还要工作，它要把夜间的这些状态传递给环绕火星的环绕器。

火星车与地球之间的通信主要依靠环绕器做中继来实现，为此环绕器特意降低远火点轨道高度，进入近火点 265 公里周期 8.2 小时的中继轨道，这样可以保证每天绕火星 3 圈。

经过几天的等待，2021 年 5 月 19 日，火星车第一批影像数据终于传回地面，这是我们第一次看到着陆点周围的景象。深黄色的火星表面遍布着碎石，还有一些小的撞击坑痕迹，远处还有颜色略浅的沙丘。

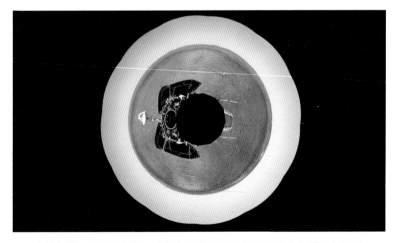

🪐 火星车第一批影像数据，火星车环拍两圈后拼接出着陆点附近全景图

东

90°

南

180°

🔎 2021 年 5 月 19 日火星车环拍两圈后拼接出着陆点附近全景图（展开）

西

270°

北

0°

西

270°

北 东

0° 9C

180°

南

180°

🪐 2021 年 6 月 24 日火星车环拍图像

南

180°

第四章　落下去

就在大家查看环拍照片的时候，突然发现在着陆点南边偏西的天际线附近有一个奇特的物体。看着这个奇特的物体，大家议论纷纷。

● 发现奇特物体

"那个有点儿像天涯海角的那块石头。"

"这块石头很有意思。"

"这是背罩吗？"

"这是背罩和降落伞吗？"

"对，就是背罩和降落伞！"

　他乡遇故知，这是来到火星后的第一份惊喜。

● 中国成为第二个实现火星巡视的国家

　　着陆第七天，又是一个大日子。在着陆平台上摩拳擦掌充分准备了 1 周的火星车将要踏上火星表面。

　　2021 年 5 月 22 日，在北京航天飞行控制中心，大家的心情激动而紧张。

　　"各号注意，我是北京，现在组织火星车驶离着陆平台状态判断。"

　　"林海数传数据接收正常。"

　　"叶河数传数据接收正常。"

　　…………

☄ 火星车开始驶离着陆平台

这又是载入史册的一刻。2021年5月22日10点40分，火星车沿着坡道缓缓驶离着陆平台，在乌托邦平原上行驶了0.522米。

🛰 2021年5月22日，火星车前避障相机（右）拍摄火星车即将驶离着陆平台

🛰 2021年5月22日，火星车前避障相机（右）拍摄火星车驶离着陆平台

🛰 2021年5月22日，火星车后避障相机（左）拍摄火星车驶离着陆平台后

🪐 火星车导航地形相机图像

　　"火星车已行驶至火星表面预定位置，工况正常。"

　　此时，北京航天飞行控制中心控制室里爆发出热烈的掌声，成功的笑容洋溢在每个人的脸上。中国首次火星探测任务工程总设计师张荣桥拍了拍天问一号探测器系统总指挥赫荣伟的肩膀，难掩内心的激动，说："很好，第一步就迈了0.522米啊！"

　　这短短一小段路程，标志着中国成为第二个实现火星巡视的国家。

火星车来到火面的时候车头向东，此后它转身来到了着陆平台东偏南 60 度方向，距离平台约 6 米处，为平台拍摄了标准照。

"那个是什么呀？"

"像小熊猫一样。"

火星车为着陆平台拍摄的标准照

"北京冬奥会的那个。"

"原来冰墩墩和雪容融也跑去火星了。"

着陆平台的标准照引起了大家的讨论，大家兴奋地发现冰墩墩和雪容融也在上面。

着陆平台上虽然有相机，但是在降落 3 小时后平台就关机断电了。现在，谁来为火星车拍张照片呢？答案出乎意料。

🎤 **邹欣** 天问一号任务探测器系统主任设计师

这台相机是含有自带电池的，同时还有 Wi-Fi 这样一个无线通信功能。它从火星车释放分离下来，火星车像母鸡下蛋一样，下了一个"蛋"放在火面上。火星车走开之后，相机给火星车和着陆平台拍摄合影。

六一儿童节这一天，火星车来到着陆平台南边约 10 米处，下了 1 个"蛋"，1 台分离相机落在了火星表面。然后火星车退到平台旁边，占据 C 位。分离相机拍下了这张合影，解锁了航天摄影的新机位。

🌑 火星车分离相机拍摄的火星车与着陆平台合影

191

天上的环绕器也来凑热闹。2021年6月2日18点，当它飞过着陆区上空时，高分辨率相机拍摄照片，对比着陆前此地的照片，着陆平台、火星车清晰可见。仔细观察，还能找到降落伞和防热大底。

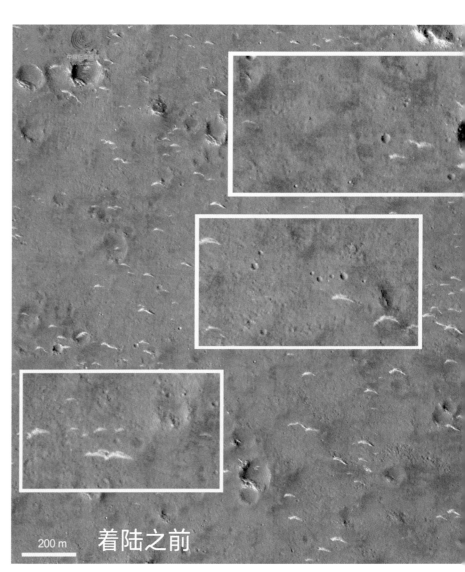

着陆之前

200 m

🌐 环绕器高分辨率相机拍摄的着陆区图像，探测器着陆前后对比

你好！火星

此后，火星车就要独闯天涯了，它将开启对火星的巡视探测。

着陆平台

火星车

降落伞及背罩组合体

防热大底

200 m

着陆之后

● 火星车独闯天涯

　　祝融号火星车车长 3.3 米，宽 3.2 米，太阳能板面积约 4 平方米，峰值功率能达到 300 多瓦，它是迄今（2023 年 12 月）为止火星表面规模最大的太阳能动力火星车。

　　火星车携带了 6 样探测设备。桅杆顶部 1 对导航地形相机就像火星车的"双眼"，可以拍摄火星表面的彩色立体照片，探测火星的地形起伏，同时为火星车的导航提供支持。在接下来的火星旅程中，导航地形相机会成为"旅拍"主力，给我们带来火星上的新风景。

　　在双目相机之间还有 1 个多光谱相机，光谱就像是物质的"指纹"，多光谱相机能快速获得视野里某个谱段的信息，帮助我们判断火星表面的矿物成分。然而，一个小小的镜头如何来拍摄不同光谱下的照片呢？

🪐 祝融号火星车

◆ 2021 年 7 月 7 日火星车导航地形相机拍摄图像　　◆ 多光谱相机成像伪彩色效果合成图

🎙 **贾阳**　天问一号任务探测器系统副总设计师

就像左轮枪一样，9 个档位，然后有 1 个电机，你现在需要在哪个档位上工作，就把这个光谱轮转到哪个位置上来。

在火星车的前方有两根天线，好像蝴蝶的触角，这是次表层探测雷达。它们与车头下方的高频雷达配合工作，探测火星表面以下 100 米范围内火壤的分层情况，看看有没有水。

在桅杆旁边还有 1 面会转动的小镜子，它和下面的 1 套装置构成表面成分探测仪，能分辨出 10 多种元素和矿物。

朱岩 天问一号任务有效载荷分系统总设计师

　　表面成分探测仪的基本原理，就是主动发射激光打到物质表面形成电离，形成一个等离子体，接收等离子体发射的光谱，这样可以分析物质的元素成分。

火星虽然失去了全球磁场，但还存在局部磁场，所以火星车携带了磁场探测仪，这是首个火星表面可移动的磁场探测仪器。

在桅杆的下部，还有 1 套气象测量仪，可以获得火星上的温度、气压、风场、风速等气象数据，同时还有 1 个麦克风，我们可以通过它听到火星上的声音。

李春来 中国首次火星探测任务工程副总设计师

　　其实我们在停泊轨道对预选着陆区进行高分成像，得到 0.7 米分辨率图像的时候，才知道这个地方跟过去美国获得的那些数据相比，我们看得更细，有很多特别好玩的地方，有很多特别值得探测的地方。火星车着陆以后，我们看到环拍图像以后，发现跟之前看到的 0.7 米分辨率图像又不一样了，所以我们又会发现更多不一样的地方，认识也在不断地进步和深化。

著名行星学家卡尔·萨根曾经说过："每当我们用新的仪器和大为提高的分辨率考察一个世界的时候，就会出现一大批令人眼花缭乱的新发现。"

张荣桥　　中国首次火星探测任务工程总设计师

因为我们着陆的这个地方是古海洋带跟陆地带交界的区域，附近有新鲜的撞击坑，有沙丘，远处还有泥火山，这些都是科学家感兴趣的地方。我们希望火星车能走得更远一些，探测的信息更多一些。

人类对未知领域的探索欲望是与生俱来的天性，对于祝融号火星车来说，火星这个陌生世界已经在它的脚下了。在接下来的日子里，它将与天问一号环绕器一起，帮助我们认知这颗红色的星球。期待它们源源不断传来关于这颗星球的最新信息。

导航地形相机环拍图像

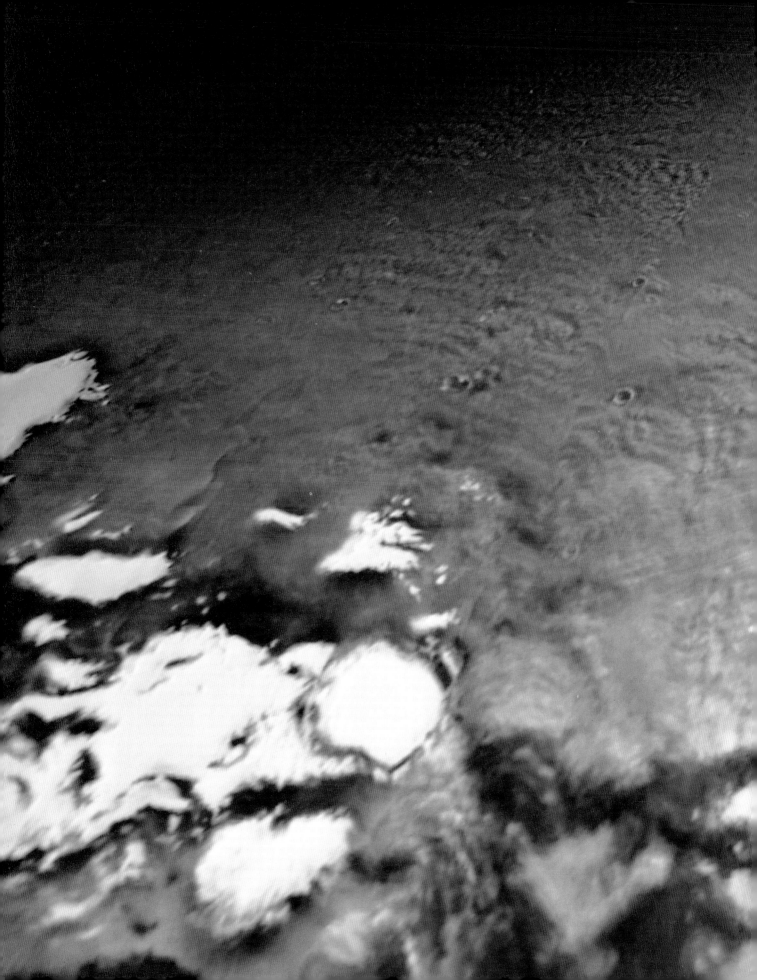

张荣桥　中国首次火星探测任务工程总设计师

　　我不担心我们的产品质量，也不担心我们每个环节的协同工作。我担心的是什么呢？担心的是我们那天降落遇到人为不可控的天气因素，这是最大的担心。

　　说老实话，在降落之前担心挺多，真正到了降落的时候什么都不担心了，因为担心也没用了。

聪明的祝融号火星车和天问一号环绕器不断带给我们惊喜，中国首次自主对 22 个火星地理实体命名。我们祝福已经处于休眠状态的火星车早日醒来，与天问一号一起书写中国行星探测的新辉煌。

第 五 章

走着瞧

祝融号火星车

在地球上开车讲究"大路万千条，安全第一条"，这在火星上就变成了"大路没一条，安全更重要"。乌托邦平原南部这个地方虽然一望无际，平坦开阔，但石块、小坑、沙丘比比皆是。在这种地方行车不仅需要车技高超，更重要的是需要一辆具有十八般武艺的好车。

火星车的设计团队有两辆月球车的研制经历，其中玉兔二号于 2019 年 1 月 3 日在月球背面着陆，至 2024 年 1 月 3 日已安全行驶了 5 年，他们也为中国创下了同时有两个巡视器行驶在不同星球的纪录。

☞ 月球上的玉兔二号月球车

火星车上的黑科技

祝融号火星车比月球车个头儿大，但并不是月球车简单的放大版，它又练就了很多独特的本领。

🎤 **贾阳** 天问一号任务探测器系统副总设计师

我们这次在火星车上用了1个主动悬架，这可能是世界上首次将主动悬架应用在地外天体上。

什么是主动悬架呢？简单地说，就是可以像圆规那样通过调整夹角，改变两个脚之间的跨度。火星车两侧连接车体和车轮的摇臂调整夹角，能够改变轮间距离和车体的离地高度，最高可以让车底盘离地0.5米，最低时"车肚子"可以贴地。

其实，火星车就是趴着来到火星的。当时它窝在进入舱里，趴在着陆平台上，直到降落火面才站直腰身。可别小瞧这个趴着的姿势，关键时刻可能管上大用。

🎤 **贾阳** 天问一号任务探测器系统副总设计师

比如说，在遇到6个车轮全部发生比较严重的沉陷的情况下，我们有一种方法，就是让这个车体挨地，然后把6个车轮一块提起来，然后再重新落下，这时候就能解决轮子沉陷的问题。当然我是不希望这种极端的情况真正用上的。

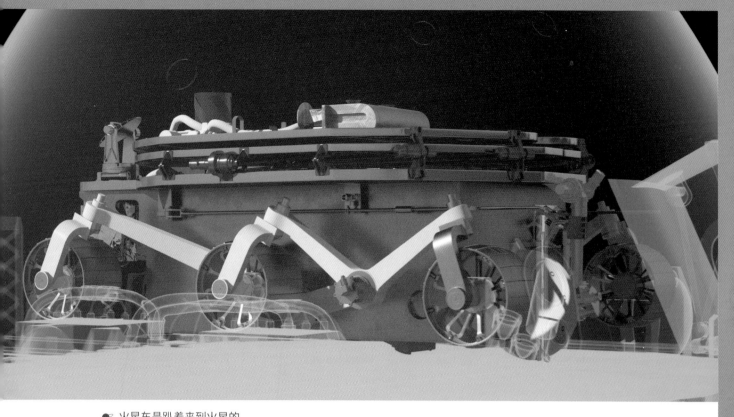

🪐 火星车是趴着来到火星的

在一个从未去过的地方什么情况都有可能出现，何况是火星。美国机遇号火星车就曾经陷到沙堆里，用了1个多月才脱困成功。而好奇号火星车曾经发生车轮破损。这些问题都是祝融号火星车在设计之初就要想办法应对的。

🪐 机遇号火星车避障相机图像

🪐 好奇号火星车车轮破损

贾阳　　天问一号任务探测器系统副总设计师

　　这个主动悬架还有让整个车体抬升的功能。如果发生极端的情况，比如有1个车轮坏了，我们还可以把左右两侧各抬起1个车轮，接着走。

抬着轮子走！火星车的设计师脑洞可真够大的，不过这还不算完，祝融号火星车还会向小动物学习，比如毛毛虫和大闸蟹。

　　在行进中如果发生某个车轮沉陷或是打滑空转，这时就能用上火星车的蠕动模式。前两轮不动后四轮前进，车身拱起，然后，后四轮不动，前两轮向前，降低车身拉长轴距。看，像不像毛毛虫？

　　至于大闸蟹，它的特点就是横着走。火星车是六轮驱动，而且6个车轮都能转向，比如它来到一个特别大的石块面前，不用拐弯，只需要把车轮拧到同一个方向，就可以横着走，这叫蟹行功能。但其实这种遇到大石块的情况基本不存在，它是会提前绕开的。那什么情况下会用到呢？是爬坡！生活中我们有这样的经验，一个陡坡直着往上走，很费力。但如果斜着上，就会比较好走。以前有一篇课文讲的就是泰山的挑山工走"之"字形上山的故事。

🎙 贾阳　天问一号任务探测器系统副总设计师

如果我们的越野车直接冲一个 30 度的坡，前轮把土壤破坏了，后轮和土壤之间的这种获得驱动力的能力就会降低。但是，蟹行可以让火星车在爬坡的时候，6 道车辙斜着坡上去，车轮自然都是接触新鲜的土壤，所以爬坡能力会更强。实际上，转向轮转到合适的角度之后，6 个车轮沿着坡道往上走，这个附着力就很好了。从地面实验结果看，30 度的坡我们的火星车也能爬上去。

来源于劳动人民的智慧，运用到了两亿公里外的火星车上。虽然眼下走在平缓的开阔地上，说不定某天遇到了山坡，祝融号火星车就真的会使用出蟹行的绝技。

祝融号火星车来到火星的时候是火星北半球的夏季，阳光直射在火星北回归线上。而着陆点恰好也在北回归线附近，光照充足，火星车能源充沛。测量到中午的时候最高温度在零摄氏度以下，晚上最低温度零下 90 摄氏度左右。虽然是夏天，但还是挺冷的，所以保暖很重要。

🎙 贾阳　天问一号任务探测器系统副总设计师

对火星车来说，这就存在着一个通过开源节流来保温的问题。所谓的开源，可以看一下车的顶面，有两个像双筒望远镜的装置，我们叫它们集热器或者集热窗。

啥叫集热窗？说白了就是在火星车背上开两个天窗，让太阳光能晒进来。此时劳动人民的智慧再次焕发出光芒，利用蔬菜大棚的原理，集热窗窗口覆盖了一层透光率很高的薄膜，阳光可以透进来，热却不容易散出去。不仅如此，晒进来的阳光还要被存储起来。在集热窗下面是一种叫"正十一烷"的材料，白天它被阳光照射吸热融化，到了夜晚温度降低，它逐渐凝固，把储存的热量再放出来。集热窗直接利用太阳能的效率可以达到 80%，这样火星车体内就有了个"暖水袋"。

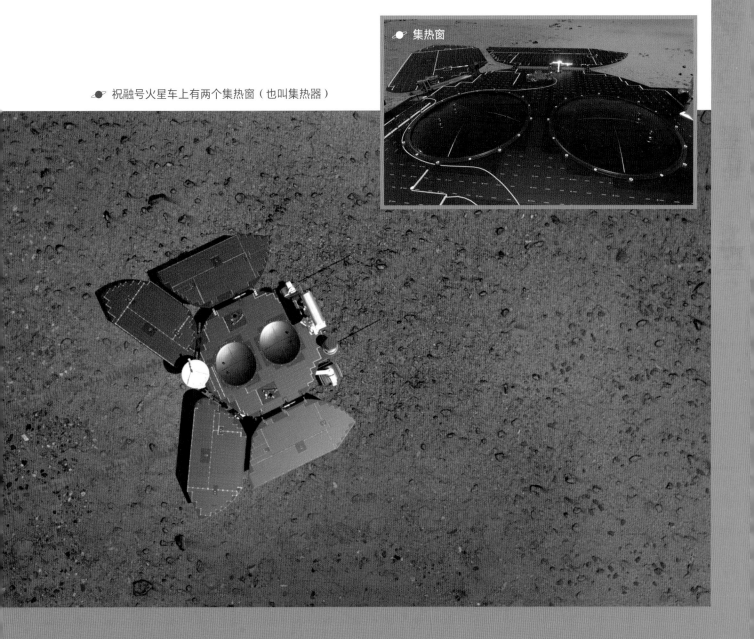

集热窗

祝融号火星车上有两个集热窗（也叫集热器）

热源解决了，还有一个问题就是如何保温。

🎤 **向艳超**　天问一号任务探测器系统设计师

　　火星车上使用了一个新产品，就是纳米气凝胶隔热材料。它被装在舱板上，每块舱板都有，就相当于把里边的东西给包起来。

纳米气凝胶材料密度非常小，1升水重1千克，同样体积的纳米气凝胶仅重二三十克。把1块纳米气凝胶放在文竹的叶子上，柔弱的文竹都能把它支撑起来。

🪐 纳米气凝胶在文竹上

李文静　天问一号任务热防护材料专家

　　纳米气凝胶是一种由纳米颗粒相互连接形成的三维网络结构材料，一个体积里的 99.8% 是空气，只有 0.2% 是固体材料。它有这样的特点：一个是特别轻，一个是孔隙率很高。它最最重要的功能就是隔热。

　　我们再来看看它的隔热效果。隔着纳米气凝胶板，用喷枪的火焰烤鸡蛋，鸡蛋竟然安然无恙。而在相同厚度的铁板上，鸡蛋已经熟了。纳米气凝胶材料可以被加工成任意的形状，所以火星车相当于穿了一件保暖内衣。

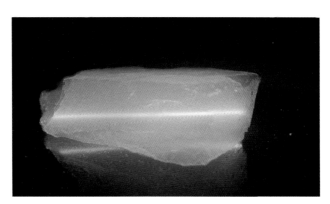

🪐 纳米气凝胶材料

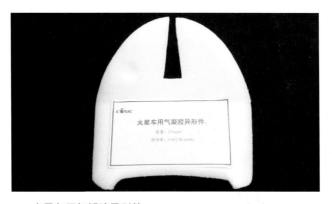

🪐 火星车用气凝胶异形件

老话儿说，饱拿干粮热带衣。中国跑得最远的探测器衣服是带够了，那它的干粮呢？火星上的光照强度仅仅是地球附近的 1/3，火星车的太阳能板比月球车的大两倍。但是火星有大气，有大气就会有风，有风空气里就会有尘土，有尘土就会落到太阳能板上，土落多了就会影响发电，何况火星上还会有沙尘天气。机遇号火星车就是在 2018 年 6 月的沙尘暴之后失联的。入乡随俗，祝融号的身上也落上了火星灰尘。

🪐 2022 年 1 月 22 日火星车拍摄照片，车身表面覆盖了一层火星尘土

🎤 **陈燕** 天问一号任务探测器系统设计师

火星车的太阳电池片上使用了一种□□术，这种□术叫作除尘涂层技术，就是我们在电池片上镀了□层膜。

🎤 **贾阳** 天问一号任务探测器系统副总设计师

这类似夏天的荷叶，下雨天，荷叶表面积累的水珠越来越大，但是它和荷叶之间不会发生沁润。微风拂动，荷叶摇摆，水珠比较容易掉落。

🎤 **陈燕** 天问一号任务探测器系统设计师

通过减少尘埃附着的接触面积，使它更容易滑落。如果太阳电池片上有很多尘埃，我们可以把太阳翼竖起来，灰尘就容易落下来。

真不知道火星车上的黑科技究竟还有多少，恰恰是航天这样的尖端科学研究，会引领带动整个国家科技水平的进步。或许不久之后，你家的汽车也会使用上这种不落灰尘的表面材料，从而省去了很多排队洗车的烦恼；或许电动汽车的电池包上纳米气凝胶材料，冬天的续航能力就不再打折扣了。

耿言　国家航天局探月与航天工程中心深空部部长

　　在第一个飞行器飞上太空的时候，我们想象不到今天我们已经离不开卫星了，比如生活中的天气预报、通信、导航等。实际上，新技术丰富了人们的生活，提高了人们的生活质量。

● 在火星上留下中国印记

　　让我们回到火星，看看祝融号的新家园，它将永远驻留在这片荒芜的火面上。科学家推测，在火星表面曾经有过海洋，一半是火焰一半是海水，可能是这颗星球过往的样态。

🪐 科学家推测火星曾经的样态

祝融号

🪐 祝融号的新家园

刘建军　天问一号任务地面应用系统总设计师

　　火星车的着陆点在疑似古海洋附近，有点儿像我们的滨海带。我们想有没有可能找到古海洋存在的证据。

李春来　中国首次火星探测任务工程副总设计师

　　火星车往南走，如果能走几十公里的话，就有可能穿过海岸线。

　　往南走，这是科学家给出的前进方向。虽然火星车的设计时速可以达到 200 米，但是真的在火星上走起来，还是要小心谨慎。

　　在火星车的车头和车尾各有 1 对避障相机，与桅杆上的导航地形相机不同的是，避障相机主要观察车轮前后比较近的地方，而且还是宽视角的鱼眼镜头。火星车行进需要 3 个步骤，首先拍照感知周围环境，并把图像传回地球；地面根据双目成像照片还原三维地形，确定行驶目标，做出路径规划，之后发送指令程序；火星车按照指令出发，行驶到目标点，完成一个行驶周期的工作。看上去不复杂，但真正实施起来很漫长，因为通信是个瓶颈。

　　火星车依靠环绕器承担数据"二传手"工作，可是环绕器并不是随时能跟火星车联系上。

　　它们之间沟通最高效的时刻，是在白天环绕器飞越轨道近火点的时候。此时，环绕器向火星车传达地球发出的指令。火星车利用柱状天线，将拍摄的照片、探测的数据快速上传给环绕器。但是，每次通信时间仅仅 10 分钟，而且环绕器每 8 个多小时才会飞过近火点上空。

☛ 地面与火星车沟通

☛ 祝融号火星车

随着火星自转到夜晚，火星车头顶的天空对应的是环绕器的远火弧段，它还有1次利用X频段小锅天线的窗口。小锅天线瞄准近万公里外的环绕器，发送数据。这样算下来，地面与火星车之间的沟通，只能抓住每天这宝贵的两次机会。

不过没关系，火星车有一个聪明的头脑，设计师们给它设定了两种行驶模式：盲走模式和自主规划模式。所谓盲走，就是地面已经规划好路线，火星车闭着眼走都行。

第二种自主规划移动方式，火星车就是睁着眼睛走路
了。它基本上是在每行走1米左右的时候，就利用它的避障
相机，拍下它行走方向上的地形。

火星车把拍到的图像迅速进行网格化处理，然后开始路径
规划，它会同时选出 15 条路。

火星车进行路径规划

李志平　天问一号任务探测器系统主任设计师

　　这 15 条路径，每条都要去算，算其通过率是多少，把 15 条路径的评价指标求出来，指标最好的那条被认为是可以通过的。从采集图像到输出这个路径规划，时间大概需要 60 秒。

这样一来，火星车行走的效率就提高了很多。每次它拍照传回来之后，驾驶团队就帮它规划出一条路线，然后再给它指定一个目的地。火星车先按照规划路线行驶，然后再按照自己选的路径，绕过小坑，躲过石块，一步一步走向目标。

于天一　天问一号任务测控系统遥操作总师

火星车走过的地形，绝大多数属于火壤，掺杂着各种各样的碎石，这像我们走在地球上的戈壁滩的感觉，比较硬。在火星上，火星车轧过去之后，有些地方甚至没有明显的车辙。

● 火星上的车辙

虽然车辙不是很明显，上面却有精心的设计。仔细查看车辙你会发现，每隔不远车辙里面就藏着一个汉字，这是"中"字。

🎤 **贾阳** 天问一号任务探测器系统副总设计师

不管是咱们家里的车还是我们的火星车，如果在工作的时候，出现车轮转了很多圈它却不往前走的情况，就意味着危险来临了。

所以，设计师特意在最后的车轮上增加了这个"中"字，这样通过测量两个记号之间的距离，就能知道车轮是否出现空转或滑移的现象。中国的火星车在火星上留下了独特的印记。

🪐 2021 年 6 月 25 日火星车后避障相机（左）拍摄车辙，可以看见车辙里面的"中"字

🪐 火星车最后一个车轮上有"中"字

一路向南。2021 年 6 月 26 日，火星车来到它前进方向上的第一个沙丘前，停在距离沙丘 6 米远的地方，开始端详。这个沙丘东西长约 40 米，高 0.6 米。在沙丘前面有很多大大小小的石块，其中正对着火星车的那块宽 0.34 米。沙丘上的沙子均匀细腻。

火星车前部的表面成分探测仪要对沙丘进行探测，这是一套组合拳，首先发射一束高能激光打在沙丘上，瞬间将沙粒气化，光谱仪立刻捕捉到形成气化物质元素的光谱信息。这些信息作为科学数据传回地面后，科学家就能分析出沙子是由哪些元素构成的，含量是多少。

🎤 **李春来**　中国首次火星探测任务工程副总设计师

> 我们过去认为，火星上的沙子的成分可能与地球上的沙子一样，但现在看来，我们过去的认识是错误的，火星表面沙子的成分就不是地球沙子的成分。此沙子非彼沙子也。

在探测完沙丘之后，火星车继续前进。它从沙丘东侧绕过，在沙丘南侧又环拍了一幅照片。沙丘的背面清楚地显现出来了，测量得知沙丘宽 8 米。南侧比北侧要陡，说明北侧是迎风面。

火星车前方不远处有一些形状怪异的石块，更远的地方可以看见背罩和降落伞。拍照时，火星车这个地方至着陆点直线距离约 210 米，距离背罩和降落伞有 130 米。

☛ 火星车遇到的第一个沙丘，导航地形相机环拍沙丘图像

☛ 沙丘的背面，第 50 火星日导航地形相机环拍沙丘图像

2021 年 7 月 12 日，火星车走完这 130 米，去看望这两位陪伴它来到火星的战友，并在夕阳中拍摄了这张照片。照片中原本银白色的背罩已经变得黝黑，这是经过了烈焰的锤炼，是它英勇挑战火星大气的证明。如今它和降落伞完成使命，静静地睡在火星表面，成为一座见证人类火星探索历史的丰碑。

🛰 火星车拍摄的背罩与降落伞

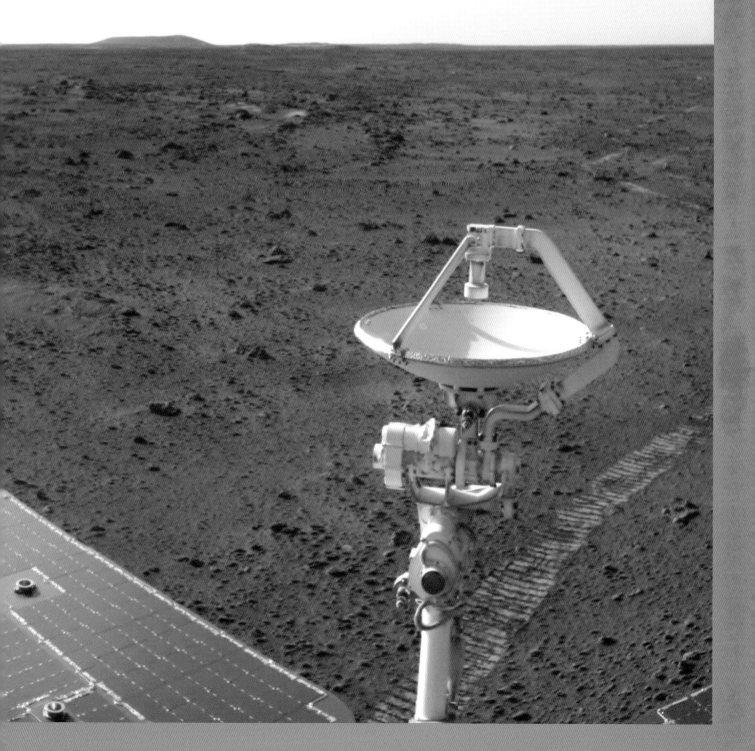

🪐 火星车在火星上

　　火星车继续向南探索，它的设计寿命是 90 个火星日。2021 年 8 月 15 日这一天来临了，它已经累计行驶 889 米，所有科学仪器开机探测，共获得约 10GB 的原始数据，圆满完成任务。但它并不会退休，而是继续探索，今后的每一天都算加班。

🎤　**于天一**　天问一号任务测控系统遥操作总师

　　继续向南走，一是会有更多的沙丘需要经过，地形会不断地升高。另一个就是撞击坑的密度可能会更大。

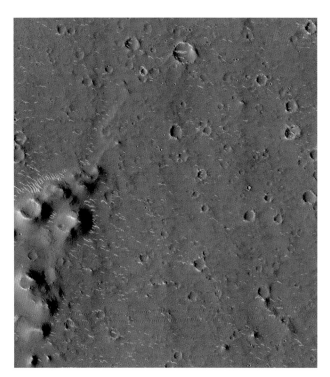

🪐 天问一号环绕器高分辨率相机拍摄着陆点以南疑似泥火山地貌

🎤 **刘建军** 天问一号任务地面应用系统总设计师

着陆点周围其实有很多有意思的地貌类型，像南边就有疑似泥火山地貌。咱们主要是往南边探测，像新鲜的撞击坑，还有沟槽，有可能会露出些地层。

距离着陆点南边大约 2.7 公里，有一个沟槽。如果它有一些沉积的分层结构的话，很可能在断面上看到。通过它的分层，可以对它里面每一层的物质成分、整个形成过程，甚至它的物质来源，都有比较深入的认识。

● 天问一号进入日凌

　　火星车距离着陆地点越来越远，火星与地球之间的距离也越来越远，此时即将达到 4 亿公里。2021 年 9 月初，每天傍晚，火星都会紧随着太阳从地平线落下。再过 1 个月，它将躲藏在太阳的后面，天问一号很快就要进入日凌。

褚英志　天问一号任务探测器系统副总设计师

这时候，无线电通信会被太阳辐射的能量湮灭，所以我们跟探测器是没法通信的，这个过程大约需要1个月。

王民建　天问一号任务探测器系统主任设计师

我们现在最担心的，就是没遥测的时候。不管指令能不能上去，我们压根就不知道探测器的状态。

当太阳、地球和火星形成的夹角小于3度的时候，地球与火星之间的无线电信号就会受到比较大的干扰。所以，为安全起见，火星车进入休假状态，环绕器也设置为自主工作模式。虽然探测器可以休假了，但是地面测控系统一刻也没有间断对探测器的跟踪。佳木斯、喀什、阿根廷3个深空站接力通信，西安卫星测控中心、北京航天飞行控制中心研判探测器的应答信息。随着太阳、地球、火星之间的夹角越来越小，太阳电磁辐射的干扰逐渐加强。

◆ 天问一号进入日凌时太阳、地球、火星示意图

◆ 地面测控系统一刻也没有间断对探测器的跟踪

🎙 **崔晓峰** 天问一号任务测控系统飞控总师

体现在下行信号上，就是信号噪声增大、信号的误码增大，这是一开始的情况。后来更恶劣的情况，就是天线无法锁定信号。这个时候，就是完全无法获得下传信息了。

深空天线从嘈杂的电磁波中，仔细搜寻分辨天问一号的信号。在这个过程中，中国航天测控团队第一次获得了应对日凌现象的经验。2021年十一长假刚开始，天问一号失联了。

🎙 **崔晓峰** 天问一号任务测控系统飞控总师

信号真正消失或无法解出，就到了太阳、地球、火星之间的夹角为1度或者低于1度的时候。信号最差的时候是在10月8日、9日，出日凌是在10月13日、14日。

☄ 中国航天测控团队

天问一号不断带给我们惊喜

天问一号结束日凌假期，火星车继续前进，环绕器继续通信中转。但这并不是环绕器的全部工作，它还有自己的科学探测任务。2021 年 11 月 8 日，环绕器将远火点的轨道高度降低到 1.07 万公里，进入科学探测轨道，周期从 8.2 小时调整为 7.08 小时，每个火星日运行约 3.47 圈。这就意味着环绕器每天飞过近火点的时候，不再保持在着陆区上空，而是会经过不同的地方。

🎙 **刘建军**　天问一号任务地面应用系统总设计师

实际上环绕器是通过飘移的方式，让中分辨率相机做一次全火星的覆盖。

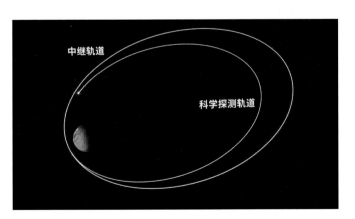
🪐 天问一号调整探测轨道示意图

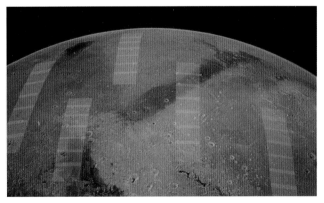
🪐 中分辨率相机实现对火星表面全覆盖示意图

11月9日，环绕器上展开了一根3米长的金色伸杆，这是磁强计。紧接着又长出了4根长杆，垂直方向的两根长4.5米，水平方向两根各长5米，这是次表层探测雷达的天线。它们将和另外几台仪器一道开展火星全球性和综合性的科学探测。

　　高分辨率相机会重点关注陨石坑、火山、峡谷、干涸河床等典型地貌。而中分辨率相机要用大约200天的时间，实现对火星表面的全覆盖，获得火星全球图。

☄ 天问一号环绕器开展火星全球性和综合性的科学探测

你好！火星

天问一号总是惊喜不断。2022 年的第一天，一张环绕器的自拍照传遍世界。 此前，环绕器在飞过火星北极上空时，距离火星表面大约800 公里处，将另一台分离相机释放出来，拍下人类第一张火星探测器与火星的合影。

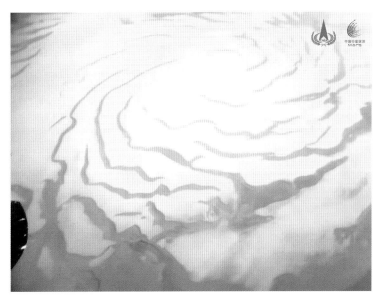

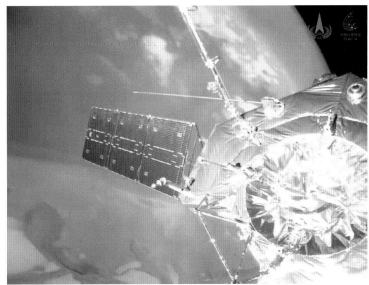

🪐 天问一号环绕器与火星合影

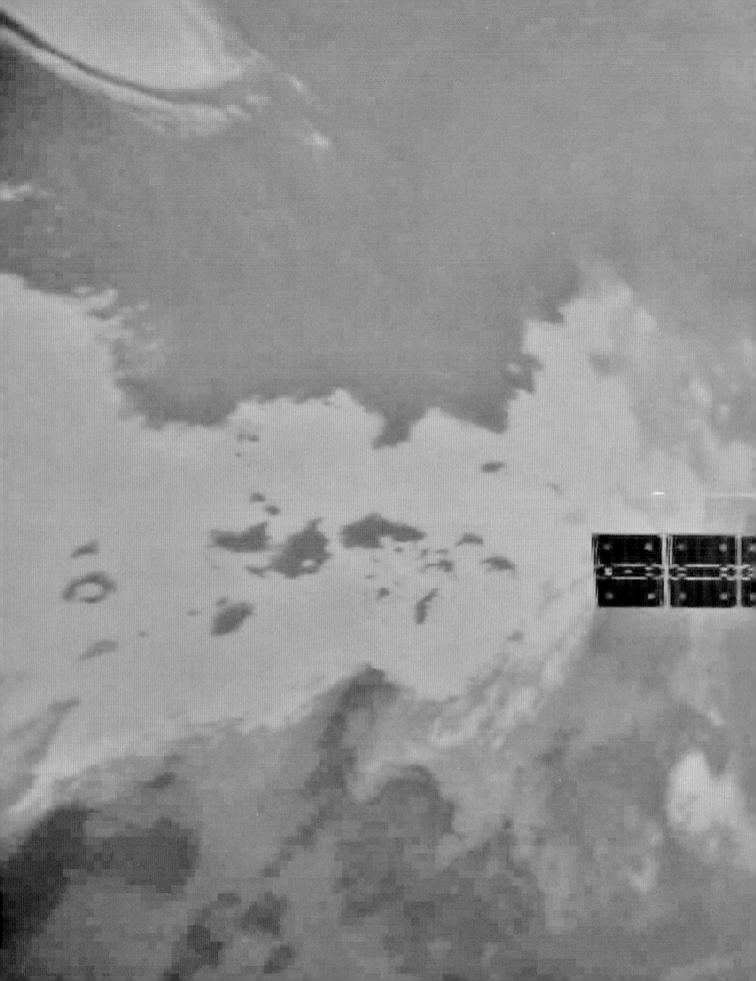

● 人类第一张火星探测器与火星的合影

2022 年 3 月 9 日，国际天文学联合会批准了 22 个天问一号着陆区及附近的地理实体命名，这是中国首次自主对火星地理实体命名。

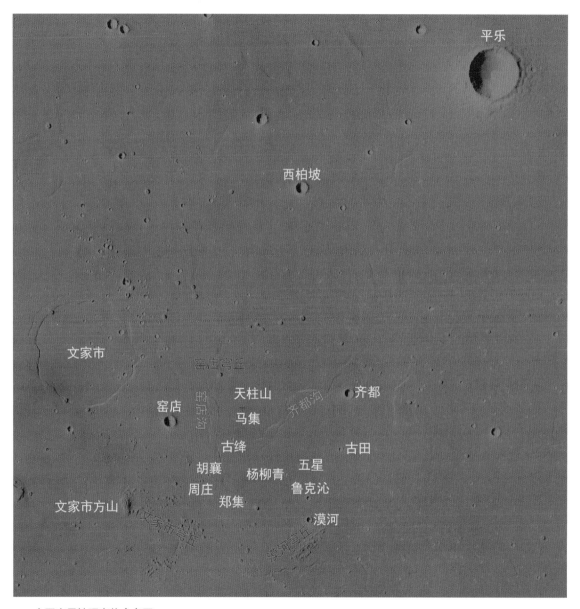

🪐 中国火星地理实体命名图

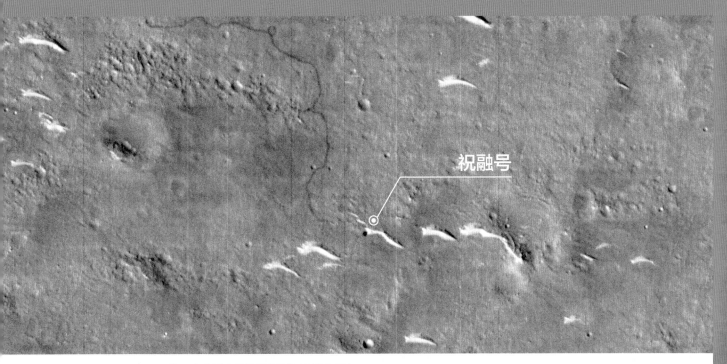

🪐 天问一号环绕器高分辨率相机拍摄到祝融号火星车

3月11日，美国火星勘测轨道器拍摄到祝融号火星车和它行驶过的印记。

此前，在3月7日，天问一号环绕器的高分辨率相机也拍到了在杰泽罗撞击坑中的美国毅力号火星车。人类派到遥远火星的两个小家伙，在相隔1800多公里的地方都在努力地工作着。

🪐 美国火星勘测轨道器拍摄的祝融号火星车及其印记　　🪐 天问一号环绕器高分辨率相机拍摄的美国毅力号火星车

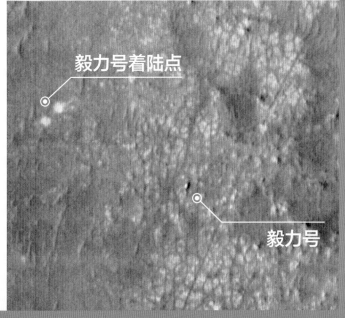

截至 2022 年 5 月 5 日，天问一号环绕器在轨运行 651 天，祝融号火星车累计行驶 1921 米，两器共获取约 940GB 原始科学数据。

🪐 2021 年 12 月 6 日火星车拍摄图像

● 火星探测的中国贡献

　　火星与地球一样都有南北回归线，太阳直射点也始终处于变化之中，所以火星上也有春夏秋冬四季之分。

　　2021 年 5 月 15 日祝融号火星车着陆火星的时候，火星北半球正值盛夏。着陆点位于火星北回归线附近，所以，阳光基本上是直射在火星车的太阳能板上，此时火星车的发电效率最高。

　　时光流转，转眼间地球上 1 年时间过去了，火星则在它的轨道上运行了将近半圈。2022 年 5 月，着陆区的冬季到来，太阳直射点逐渐向南回归线移动，北半球的光照逐渐减弱，气温在不断下降，太阳翼发电能力逐渐下降。 这对于火星车来讲可不是什么好事，火星车每天的发电量必须大于或等于火星车每天最小工作模式的耗电量。

　　其实，早在火星车的设计阶段，设计师就考虑到了火星冬季对火星车的影响，制定了保护策略，它会按照设计自主休眠。2022 年 5 月 18 日，火星车断电，进入休眠状态。至此，祝融号火星车已经累计巡视探测 358 个火星日，行驶 1921 米。

　　火星车什么时候醒来呢？应该是在火星北半球的春天。1 个火星年大约是 1.9 个地球年，所以，火星上一季大约是地球

● 美国火星勘测轨道器拍摄到的祝融号火星车的对比照

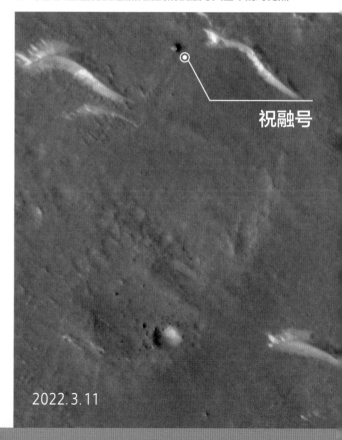

祝融号

2022.3.11

上半年。2022 年 12 月，火星乌托邦平原迎来了春天，火星车却没有按之前设想的那样如期醒来。火星车是需要自主唤醒的，唤醒需要同时满足两个条件，一是舱内温度高于 −15℃，二是太阳能发电满足火星车当天最小用电量，即达到 140 瓦。

从 12 月开始，太阳直射点自南向北经过赤道移动到了火星北半球，随着时间的推移，直射点还将持续北移，火星车所处的环境温度不断升高，但是火星车依然没有唤醒。

2023 年 2 月 21 日，美国国家航空航天局喷气推进实验室公布了一组对比照片，这是美国火星勘测轨道器上高分辨率成像科学实验相机（HiRISE）拍摄的祝融号火星车。3 张照片对比明显：第一张照片拍摄时间为 2022 年 3 月 11 日，此时祝融号火星车还在工作；第二张照片拍摄时间是 2022 年 9 月 8 日，火星车已经休眠 4 个月；第三张照片拍摄时间是 2023 年 2 月 7 日，火星车已经接近 9 个月一动未动。

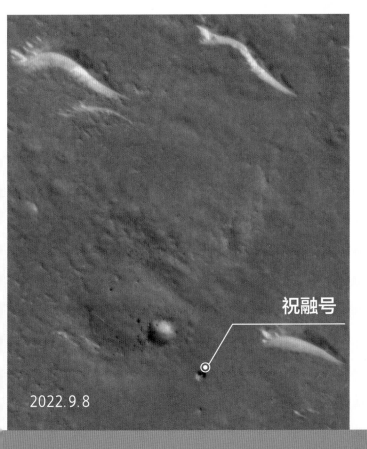

2022.9.8

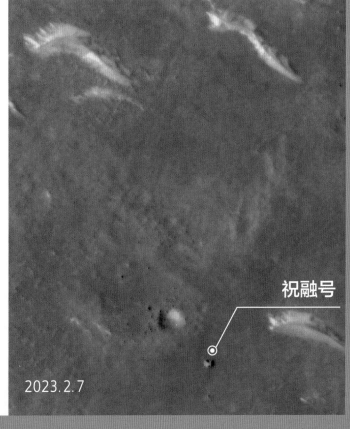

2023.2.7

从这 3 张照片可以看出，祝融号火星车太阳能电池板的颜色从蓝黑色到褐黄色，这表明太阳能电池板上沙尘覆盖的严重程度正在增加。其实，从火星车休眠前发回的照片上我们就能看出，车身上覆盖了一层尘土。

人类通过多年对火星的观察研究发现，每当火星表面换季，就会出现大面积的沙尘暴。火星上巨大的昼夜温差会导致表面有足够强的火星风，火星由于重力低，还极度干燥，浮尘会长期悬浮在空气中。虽然火星的大气层很稀薄，但是肆虐的沙尘暴可以席卷整个火星表面，即使在太空也能清晰地看到火星沙尘暴的威力。天问一号环绕器传回的火星图像也证实了这一点，火星北半球在冬季发生了大范围的沙尘暴。

祝融号火星车没有自主唤醒，对此中国首次火星探测任务工程总设计师张荣桥分析，最大的可能就是不可预知的火星沙尘累积导致火星车发电能力降低，不足以使它苏醒。如果沙尘积累超过设计尘积的 20%，发电能力是不够的；如果沙尘累积超过预想的 30%，可能要到太阳光照最强的时候才具备这个发电能力。如果尘积的程度超出承受能力的 40%，火星车将永远无法苏醒。

接下来，祝融号火星车还有机会。祝融号火星车所处区域在迎来盛夏的时候，太阳光将从祝融号头顶近乎 90 度方位角照射，到那时就是光照最强的时候，太阳能板所受光照将会更充足，温度也会相应升高。如果电池能重新充满电，火星车或许就能够重新唤醒运行，再次开始在火面上的巡视工作。

不管怎样，我们都要感谢它将我们的视野带到数亿公里外的陌生世界，也祝福它，愿它早日醒来，为我们带来更加丰富的火星信息。

就在火星车休眠的这段时间里，天问一号环绕器还在轨道上持续工作。2022 年 7 月，中分辨率相机完成对火星表面的全覆盖，从 2021 年 11 月起历时 8 个月，拍摄了 284 轨图像。地面应用系统对获取的 14757 幅影像数据进行处理后得到火星全球彩色影像图。

2023 年 4 月 24 日，在安徽合肥"中国航天日"主场活动启动仪式上，国家航天局和中国科学院联合发布了中国首次火星探测火星全球影像图。这是中国出品的火星图，空间分辨率 76 米。这幅图为今后开展火星探测工程和火星科学研究提供了质量更好的基础底图，为人类深入认知火星做出中国贡献。

可以想见，在不久的未来，天问一号还将源源不断地传回最新的火星探测信息，为我们勾勒出更加立体、新鲜的火星图景，中国的深空探测又迈出了坚实的一步。茫茫宇宙，浩瀚太空，还有着数不尽的未知等待着我们去求索，人类拓宽视野的步伐永远不会停歇。记录这一步步成就的历史记忆，也将永远是"未完待续"……

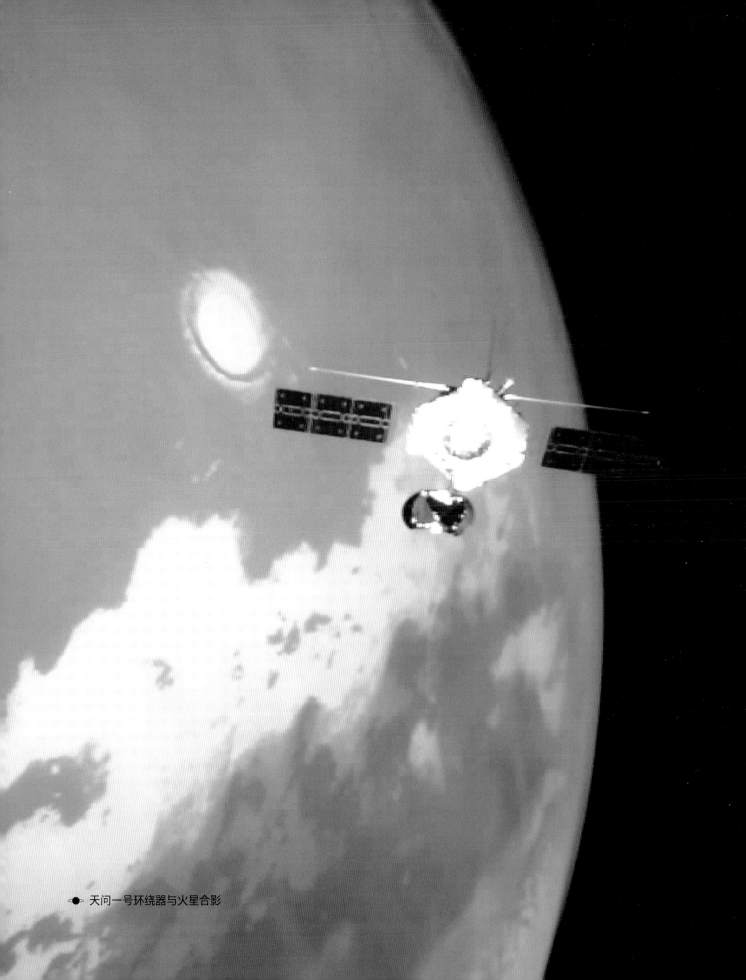

● 天问一号环绕器与火星合影

后记

毛泽东同志曾经说过："世界上怕就怕'认真'二字，共产党就最讲认真。"在工作中，"认真"既是每一名党员干好事业的重要原则，也潜移默化地指导着《你好！火星》的创作。

《你好！火星》是中央广播电视总台与国家航天局联合制作的大型科学纪录片，属于重点选题项目。由曾经获得"全国科普先进集体"的《飞向月球》创作团队完成。该片围绕国家首次火星探测系列重大科技专项任务，采用先进影视制作技术，展开全程跟踪报道，以普及航天科学知识，展示我国航天技术成果和航天奋斗精神。

项目的科学先进性，要求纪录片创作者的态度必须认真且严谨，必须把专业且严肃的科学知识理解透彻，并转化为观众可接受的电视语言。

士虽有学，而行为本焉。在项目开始之初，恶补相关领域的知识是必不可少的一步，这需要大范围看书查资料。资料既专业又庞杂，包括像深空探测方面的专业期刊，有很多完全看不懂的文章，那也要琢磨研究，要深入思考背后的科学含义。对于既往人类火星探索实践，进行了全面的梳理和概括。有了大量知识储备之后，总导演着手制定拍摄大纲，然后把几十个相关话题排列在草稿纸上，自我提问或者站在观众角度发问，再把它进行归纳，然后结构成节目脚本。《你好！火星》采访的科学家、工程技术人员和项目研发人员，总数超过 60 人。每个采访文字量少的有七八千字，多的有两三万字，整个采访内容超过 150 万字。总导演把这 150 万字进行通读，很多部分反复阅读揣摩，从里面精选出 3 个层面的内容：一是可能会用的采访；二是解说词里可能会用的环节；三是可行的思路。把它们分别标出来，然后根据脚本结构加进去，再进行修改调整。

为什么这么做呢？就是源于所有的采访内容消化之后，要仔细分析判断，找到最准确、最适合的部分，把它们有机地组织起来，形成现在的整体结构框架。然后再进行语言风格加工，形成最终的文字。这个过程非常费力劳神，但是必须要做，科学就是要正确，来不得半点儿偏差和懈怠，别无选择。这一切的法宝就是认真和严苛。

2020年10月14日，火星大冲，这是观测火星的最好时机。为了能获得最佳拍摄效果，摄制组赶到世界上海拔最高的天文台——位于西藏阿里的中科院国家天文台阿里基地。这里空气稀薄，视宁度极佳，是当天地球上看火星最佳的地方，但是这里自然条件也非常艰苦。

为了拍摄太阳落山后火星升起的延时摄影画面，总导演和摄像要把设备扛到三楼楼顶。这里海拔高度5200米，扛着重物爬楼，那是一步一歇，一步三喘。楼顶风大，有八九级，几乎能把人刮走。到了夜里，气温很低。不知是因为海拔高还是温度低，相机的自动计时功能失灵了，只能人工手动操作。两个人顶着大风，流着鼻涕，冻了两个多小时。他们还不敢戴手套，因为可能按不准快门。数20下按一下快门，再数20下再按，轮流按快门，拍下了火星升起的延时画面，在空中火星画出了一条美丽的轨迹。

《你好！火星》中有大量美轮美奂的星空延时镜头，这得益于大家经常望苍穹、拍星空的工作习惯。因为随着季节的变化，夜空中的星星是不一样的，星座位置也会随着时间和地域而改变，因为在节目中要对应呈现不同的星空。

在节目后期制作中，需要模拟出火星表面的地形地貌，依托的是探测器和火星车拍回来的照片，但这些照片只能提供一个大尺度的环境参考，还不足以支撑还原出火星表面的三维图像。电视需要用特写镜头，为观众展现细节纹理和表面材质。为此，总导演带领技术团队多次前往青海省海西蒙古族藏族自治州茫崖市冷湖镇周边、柴达木盆地腹地的盐碱戈壁地区，那里寸草不生、沟壑林立的雅丹地貌被誉为地球上最像火星的地方。总导演选择若干代表性地貌，进行大范围测量摄影及三维扫描。之后利用测量扫描的数据建立模型，作为还原火星地貌的基础数字资产。

在纪录片《你好！火星》的创作过程中，为了确保所传播的精神内涵让观众看得见、感受得到，让观众满意，要求我们必须思想不能疲、劲头不能松、执行不能软，要求我们必须事事精益求精、一丝不苟、追求完美。可以说，"认真"是指导摄制组顺利完成节目创作的首要保障，也是编撰本书的重要保障。

认真，就意味着付出更多，但那只是暂时的辛苦和艰难，最终的结局，必定是美好。正所谓：不经历风雨，怎能见彩虹。

《你好！火星》纪录片制片主任

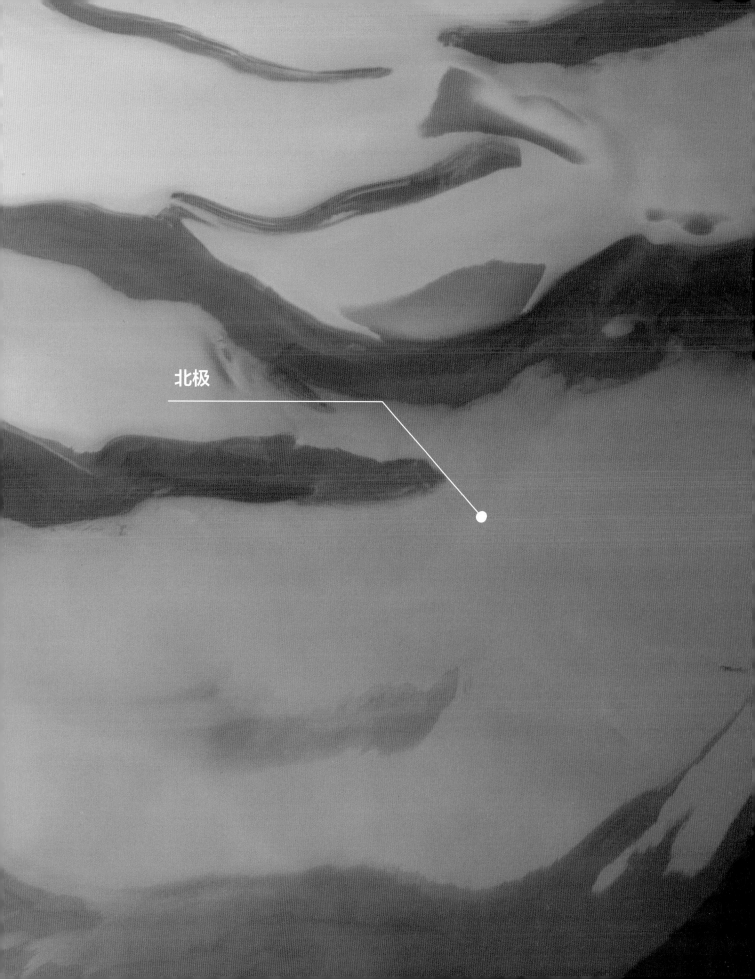

北极

天问一号
2021.12.28 拍摄

水手大峡谷东

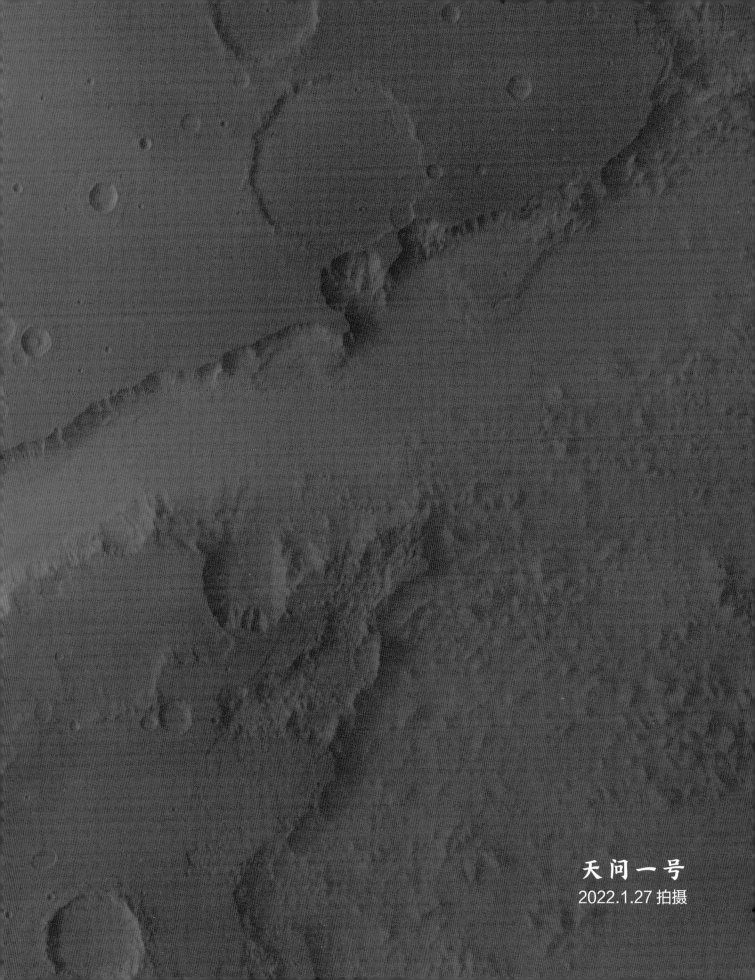

天问一号

2022.1.27 拍摄

罗蒙诺索夫坑

9.2°W / 64.9°N

天 问 一 号
2022.1.11 拍摄

科罗廖夫坑

165°E / 73°N

天问一号

2022.1.5 拍摄

本书图片除标注外，其余均出自中央广播电视总台科学纪录片《你好！火星》